句醒人生

辰夕◎编著

重庆出版集团 重庆出版社

图书在版编目（CIP）数据
句醒人生 / 辰夕编著. -- 重庆 : 重庆出版社,
2025. 4. -- ISBN 978-7-229-19764-3
Ⅰ. B848.4-49
中国国家版本馆CIP数据核字第20255S6X13号

句醒人生
JUXING RENSHENG
辰夕 编著

策划编辑：张铁成
责任编辑：史青苗
特约编辑：姜士彬
营销编辑：刘晓艳
责任印制：梁善池
责任校对：彭圆琦
封面设计：尚世视觉

重庆出版集团
重庆出版社 出版
（重庆市南岸区南滨路162号1幢）
三河市天润建兴印务有限公司 印刷

开本：710mm×1000mm 1/16 印张：12 字数：112千
2025年4月第1版 2025年4月第1次印刷
定价：58.00元

如有印装质量问题，请致电 023-61520678

前言

本书作为一部精心编纂的心灵励志图书，每一页都仿佛是一扇通往内心世界的窗，让读者在阅读文字与观看图像的过程中，缓缓踏上自我发现与成长的旅程。书中，那些简洁而富有深意的句子，如同璀璨的星辰，能照亮人生的每一个角落。无论是忙碌的工作场景，还是温馨的家庭生活，复杂多变的情感世界与人际关系网，都能在这里找到答案。

这不仅仅是一部普通的励志读物，它更像一位智慧而慈爱的导师，用其独有的方式，温柔地引领着每一位读者穿越心灵的迷雾，寻找生命中的光明与希望。书中的每一句话，都是精心打磨的钥匙，能够开启尘封已久的情感之门，让读者在释放内心压力的同时，也逐渐找回那份久违的平静与自我。它教会读者如何在繁忙的生活中找到平衡，如何在复杂的人际关系中保持真诚与善良。更重要的是，它让读者明白，无论遭遇何种困境，人们都有力量去改变，去成长。

对于那些在生活、工作和人际关系中迷茫徘徊的成年读者而言，本书无疑是一盏明灯。它以一种平和而坚定的姿态，告诉他们：每一次挑战都是成长的契机，每一次失败都是成功的铺垫。

对于那些承受着巨大心理压力的人群，本书则像一剂温柔的解药。它用温暖的文字拥抱每一个受伤的心灵，提供一个避风的港湾，让读者在阅读的过程中慢慢卸下内心的重负，找回心灵的宁静与自由。无论是职场上的竞争压力，还是情感上的纠葛与困扰，都能在阅读过程中找到慰藉与释放。

对于那些追求自我成长的读者而言，本书更是一个不可或缺的伙伴。它鼓励读者深入自我，勇于探索未知的领域，通过不断的思考与实践，实现内在的蜕变与升华。书中的每句话，都是对自我成长的深刻诠释，能激励读者不断前行，追求更加完美的自己。

本书以一种易于接受和理解的方式，传授了关于人生、学习、情感等多方面的智慧与经验。书中那些积极向上的价值观与人生态度，也将激励读者勇往直前、不断追求梦想与幸福。通过阅读这本书，他们能够更好地认识自己、理解他人、规划未来，为未来的人生道路打下坚实的基础。

目录

第三章 两性

细节永远胜过情话，陪伴胜过所有语言。

第四章　谋生

资金靠流动，成功靠行动。

079—101

第五章　社交

不相信任何人和相信任何人是同样错误的。

103—119

第六章　博弈

三言两语就能击倒我，那这些年的路就白走了。

第七章　圈子

你把时间花在哪里，你的人生就在哪里。

第八章 内耗

放下焦虑，与自己和解吧。

第一章 顿悟

慢 点 儿 长 大 吧 ， 这 世 界 又 不 缺 大 人 。

人生感悟

感悟

人生是一次艰辛的旅程，充满了变化与未知，但正是旅程经历淬炼出我们的智慧。我们需要学会在困境中寻找希望，在挫折中汲取力量，甚至需要有一点儿感受力，在生活的点滴中品味成长的意义。

◎ 自作聪明的人是傻瓜，懂得装傻的人才是真聪明。

◎ 人可以防御他人的攻击，但对他人的赞美却无能为力。

◎ 早熟的人凋枯得也早。

◎ 人的一生是很短的，短暂的岁月要求我们好好领会生活的进程。

◎ 不是读书没用，是你读的那点儿书没用。

◎ 人生有两个悲剧，第一是想得到的得不到，第二是不想得到的得到了。

◎ 小时候，讲谎话的时候会紧张；长大后，讲真话的时候会紧张。

◎ 有些事你想不通，别着急，过段时间你再想想，就想不起来了。

◎ 人生唯一的不幸就是自己的无能。

◎ 活着不是为了取悦这个世界，而是用自己的生活方式，取悦自己。

◎ 所有的为时已晚，其实都是恰逢其时。

◎ 没有人真的很忙，谁的一天都是24小时，所谓忙与闲，不过是心里面觉得哪件事更重要罢了。

◎ 时间是一把刀，可以是雕刻刀，也可以是杀猪刀。到底是什么刀，就看你自己的选择。

◎ 你知道哭是解决不了问题的，但你也要知道，没有人哭是为了解决问题。

◎ 有人说落后就要挨打，也有人说枪打出头鸟，这说明一个人想要打你，总能找到理由。

价值追求

感悟

人生要努力，不怕失败，笑对人生。每个人都有不同的人生经历，要学会从别人的经验中吸取教训，不断成长。热爱生活，珍惜身边的人和事，让自己的人生更加精彩。同时，也要保持自我，不要盲目追求不属于自己的东西。

◎ 人生就像卫生纸，没事尽量少扯。

◎ 很多时候你不逼自己一把，你都不知道你还有能把事情搞砸的本事。

◎ 人到中年，就是一部《西游记》，悟空的压力、八戒的身材、老沙的发型、唐僧的磨叽，关键是离西天还越来越近。

◎ 人在得意时须沉得住傲气，在失意时则要忍得住火气。

◎ 一世其实并不长，既然活着，就要活得漂亮。

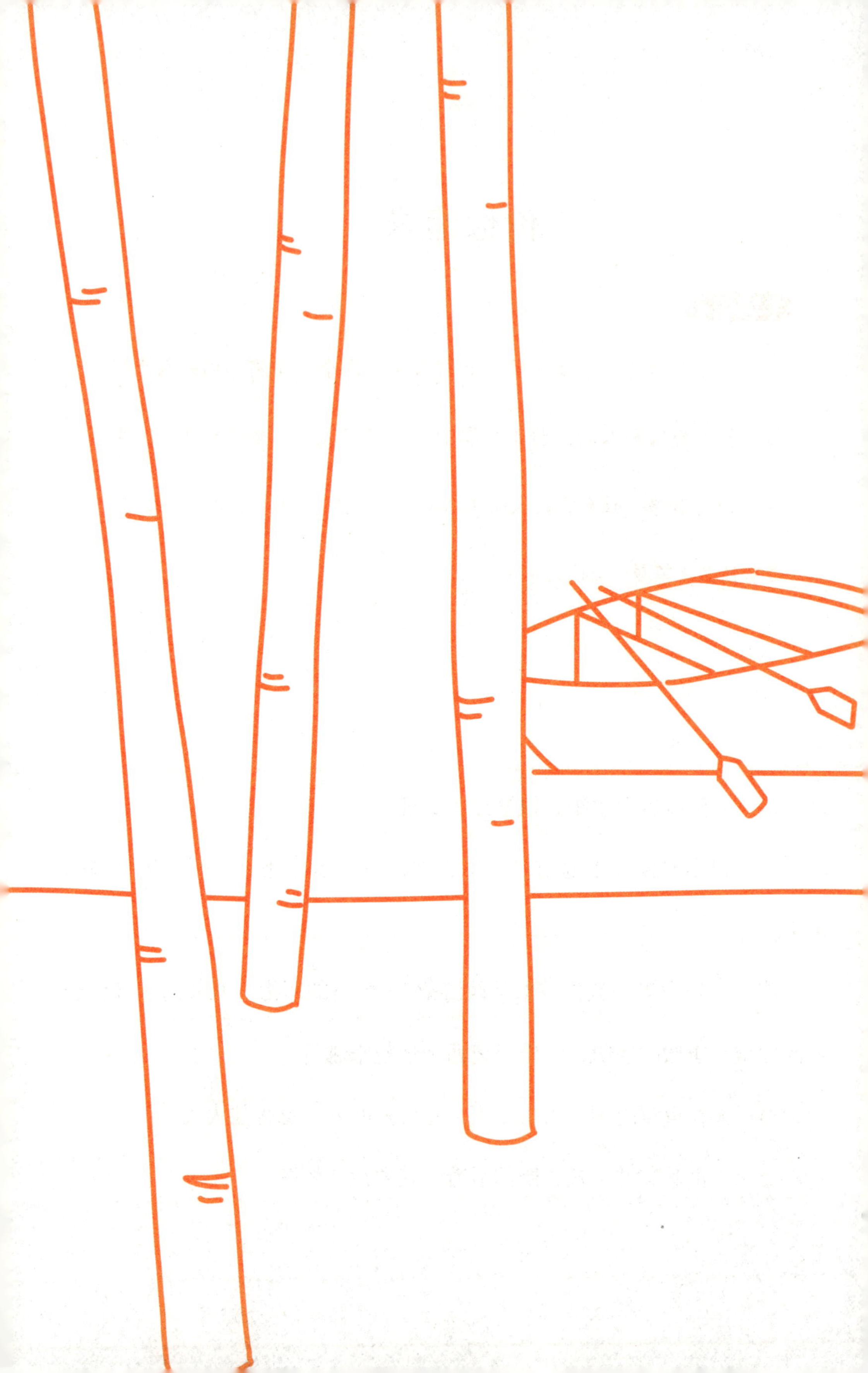

◎ 一想到大家终归都要死，我就原谅了所有人。

◎ 结局，和你想的一样的叫童话，和你想的不一样的叫生活。

◎ 人生有两种境界，一种是痛而不言，另一种是笑而不语。

◎ 小时候我们词不达意，长大后我们言不由衷。

◎ 只有生活乏味的人，才喜欢刺探别人的私事。

◎ 年轻的时候穷，现在经过我多年的努力，终于变得不再年轻了。

◎ 所有美好的故事，最怕的一个词：但是。

◎ 智者说话，是因为他们有话要说；愚者说话，则是因为他们想说。

◎ 你是在拜佛，还是在拜自己的欲望？

◎ 温柔的人分为两种，一种是被保护得很好不知世间黑暗，另一种是在黑暗中独自挣扎后变得宠辱不惊。

◎ 人很奇怪，不喜欢别人骗自己，却总喜欢自己骗自己。

◎ 很多人一生只做了“等待”与“后悔”两件事，合起来就叫“来不及”。

成长智慧

感悟

面对困境，我们或许会感到焦虑，但它其实也是我们成长的催化剂。每个人都有自己的价值和命运，不应被他人所左右。在时间的长河中，我们无法掌控命运，但只要我们保持真诚和勇敢，就能在生活中找到属于自己的生存价值和意义。

◎ 笑并不总意味着快乐，就像泪水不总是表示悲伤一样。

◎ 习惯，是个很强大的词，可以代替所有的一言难尽。

◎ 别人可以替你做事，但不能替你体验人生。

◎ 没去过的地方都叫远方，没得到的人都比较难忘。

◎ 站在痛苦之外规劝受苦的人，是件很容易的事 。

◎ 有情绪的时候，问问自己，是不是又在强求不属于自己的东西了。

◎ 只有想变好的人才会焦虑，混吃等死的人是不会焦虑的。

◎ 每个人都会觉醒，有的人觉醒得早，有的人觉醒得晚。

◎ 世事犹如书籍，一页页被翻过去。人要向前看，少翻历史旧账。

◎ 别人怎么对待你，并不会改变你的价值，只会影响你对自己的认知。

◎ 人性的丑陋是，在无权无势的人身上找毛病，在道德败坏、有权有势的人身上找优点。

◎ 人生有两出悲剧：一是万念俱灰；一是踌躇满志。

◎ 优于别人，并不高贵，真正的高贵应该是优于过去的自己。

◎ 人生近看是悲剧，远看是喜剧。

◎ 时间就像海绵里的水，只要愿挤，总还是有的。

◎ 我们听过无数的道理，却仍旧过不好这一生。

◎ 生活没这么复杂，种豆子和相思或许都得瓜。你敢试，世界就敢回答。

◎ 人们往往用至诚的外表和虔敬的行动，掩饰一颗魔鬼般的内心。

◎ 床以外的地方都是远方，手够不到的地方都是他乡。

◎ 人的灵魂里都有一团火，却没有人去那儿取暖。

◎ 人生在世，还不是有时笑笑人家，有时给人家笑笑。

◎ 无论做什么事，重在坚持，别惧怕失败。

困境应对

感悟

人生是一次充满未知的冒险之旅，不要让生活的意义成为我们的束缚，而是要热爱具体的人和事物，珍惜每一个当下。

◎ 人类全部的智慧就包含在这五个字里面：等待和希望！

◎ 时间和沉默，是治疗精神创伤的两帖药。

◎ 人们的力量有限，欲望却无限。

◎ 痛苦真好，它告诉我，我还活着，还拥有生命和希望。

◎ 痛苦的经历一旦有人分担，痛苦就减少了一半。

◎ 你可以喜欢一种书，但你不能只读一种书。

◎ 在喜欢你的人那里，去热爱生活；在不喜欢你的人那里，去看清世界。

◎ 为了不让真理的路上人满为患，命运让大多数人迷失方向。

◎ 做人不能忘记四条：话不要说错，床不要睡错，门槛不要踏错，口袋不要摸错。

◎ 爱具体的人，不要爱抽象的人；要爱生活，不要爱生活的意义。

◎ 世间最可厌恶的事，莫如一张生气的脸；世间最下流的事，莫如把生气的脸摆给旁人看。

◎ 有些事情，当我们年轻的时候无法懂得，当我们懂得的时候已不再年轻。

◎ 酸甜苦辣是食物的味道，喜怒哀乐是生活的味道。

寸心之间

感悟

我们时常被五光十色的物质世界所迷惑，却往往忽略了内心最初的向往。在奔波忙碌的同时，要时常回头看看，那个纯真的自己，那份纯粹的梦想，是否已被遗忘在角落。

◎ 不要因为走得太远，就忘记我们为什么开始。

◎ 生命不可能有两次，但是许多人连一次也不善于度过。

◎ 天下就没有偶然，那不过是化了妆的、戴了面具的必然。

◎ 一个人炫耀什么，说明内心缺少什么。

◎ 努力的意义大概是当幸运来临的时候，你觉得你值得。

◎ 你要搞清楚自己人生的剧本，不是你父母的续集，不是你子女的前传，更不是你朋友的外篇。

◎ 健身和读书，是世界上成本最低的升值方式。

◎ 学习不能改变人生的起点，但可以改变人生的终点；学习不能改变人生的长度，但可以改变人生的厚度。

◎ 人如果靠吃饭活着，那饭不叫饭，叫饲料。

◎ 一个成熟的人往往发觉可以责怪的人越来越少，人人都有他的难处。

◎ 早成者未必有成，晚达者未必不达。不可以年少而自恃，不可以年老而自弃。

◎ 勤学似春起之苗，不见其增，日有所长；辍学如磨刀之石，不见其损，日有所亏。

◎ 我们终其一生，都在寻找两样东西，一是价值感，二是归属感。价值感来源于肯定，归属感来源于被爱。

◎ 人这辈子千万不要马虎两件事，一是找对爱人，二是找对事业。因为太阳升起时要投身事业，太阳落山时要与爱人相拥。

◎ 生活中，难免走错路、爱错人、花错时间和精力，如果伤害已成事实，那么学会及时止损，便是做人最大的清醒和智慧。

◎ 生活本身不苦，苦的是欲望过多。

◎ 生活就像自助餐，你可以去要你想要的任何东西，只要你能付得起。

◎ 不要为了某一特殊时刻而预留着你的东西，因为生命的每一天都很特别。

◎ 读书是天下一等一的好事，只有你今天的日积月累，才会换来别人明天的望尘莫及。

◎ 你能从圆心画出多少半径，生活就有多少种方式。所有的改变都是奇迹，但这种奇迹时时刻刻都在发生。

◎ 路虽远，行则将至；事虽难，做则必成。

◎ 人生有多少计较，就有多少痛苦。

◎ 快乐不是生活的赐予，而是心灵的领悟。

◎ 一个人最难做到的事，是意识到自己并不是生活的中心，而只是在边缘。

◎ 世上的事，只要用心去学，没有一件是太晚的。

心路历程

感悟

多样的生活给予我们多种选择，如同从圆心画半径，有无数种可能。当我们学会感恩、学会成长，用积极的心态去面对生活中的一切，便能发现生活的美好。

◎ 每一个不曾起舞的日子，都是对生命的辜负。

◎ 你若爱，生活哪里都可爱。你若恨，生活哪里都可恨。你若感恩，处处可感恩。你若成长，事事可成长。不是世界选择了你，是你选择了这个世界。既然无处可躲，不如傻乐。既然无处可逃，不如喜悦。既然没有净土，不如静心。既然没有如愿，不如释然。

◎ 人生这条路很长，未来如星辰大海般璀璨，不必踯躅于过去的半亩方塘。那些所谓的遗憾，可能是一种成长。那些曾经受过的伤，终会化作照亮前方的光。

◎ 人生会经历三次成长：第一次是发现自己不是世界中心的时候；第二次是发现即使再怎么努力，有些事终究无能为力的时候；第三次是明知有些事可能无能为力，但依旧会尽力争取的时候。

◎ 中庸，才是最高级的处事方式。

◎ 世上有两样东西不可直视，一是太阳，二是人心。

◎ 释放无限光明的是人心，制造无边黑暗的也是人心。

◎ 能容小人，方成君子。一个人知道自己为什么而活，就可以忍受任何一种生活。

◎ 生活本身就是一种投资，这种投资过程中最大的风险就是没有成长。

◎ 人生就像铅笔，开始很尖，但慢慢地就磨得圆滑了。不过，太过圆滑了，就差不多又该挨削了。

◎ 高尚不是那种单纯的美好，而是对一切事物理解之后的超然，对善和恶一视同仁，用同情的目光看待世界。

◎ 人这一生皆在渡，渡人，渡心，渡自己。

◎ 挑战越大，我们的领悟也越大。

◎ 每个人都会得到，只是学会珍惜最重要。

◎ 知事少时烦恼少，识人多处是非多。

想开了自然微笑，
看破了肯定放下。

岁月如歌

感悟

我们终其一生，不过都是在寻找人生的价值和归属，人生价值来源于我们对自己的肯定和对生活的热爱，人生归属则来源于我们与他人的情感联系和相互支持。只要我们过好每一个当下，就一定能实现自己的梦想，获得自己的幸福！

◎ 人生下来不是为了拖着锁链，而是为了展开双翼。

◎ 人最终喜爱的是自己的欲望，不是自己想要的东西！

◎ 人并不是因为美丽才可爱，而是因为可爱才美丽。

◎ 了解一切，就会原谅一切。

◎ 决心不过是记忆的奴隶，慷慨激昂开的头，收场却有气无力。

◎ 当悲伤来临的时候，不是单个来的，而是成群结队的。

◎ 没有时间磨不掉的记忆，没有死亡治不愈的伤痛。

◎　人应该支配习惯，而决不是习惯支配人。

◎　骄傲多半不外乎我们对我们自己的估价，虚荣却牵涉到我们希望的别人对我们的看法。

◎　一个要教育别人的人，最有效的办法是首先教育好自己。

◎　生活不可能像你想象的那么好，但也不会像你想象的那么糟。人的脆弱和坚强都超乎自己的想象。

◎　生命只是一连串孤立的片刻，靠着回忆和幻想，许多意义浮现了，然后消失，消失之后又浮现。

◎　任何一样东西，你渴望拥有它，它就盛开。一旦你拥有它，它就凋谢。

◎　要抓紧时间赶快生活，因为一场莫名其妙的疾病，或者一个意外的悲惨事件，都会使生命中断。

◎　凡是过去，皆为序曲。

◎　时间是刹那刹那地过，刹那刹那地催人老。

◎　冬天来了，春天还会远吗?

◎　身处井隅，心向璀璨。

◎　莫道桑榆晚，为霞尚满天。

◎ 清晨出门去，路与烟霞并。

◎ 愿你所有的日子，都比不上明天的光辉。

◎ 纵有千古，横有八荒；前途似海，来日方长。

◎ 人生，向来都是要依靠自己。

◎ 人生如逆旅，我亦是行人。

第二章 职场

人 与 人 相 处 的 原 则 是 ： 我 们 不 同 ， 但 都 没 错 。

职场法则

感悟

职场就像一片广袤的海洋，我们都是其中的航船。有时，风平浪静，我们可以悠闲地欣赏沿途的风景；有时，波涛汹涌，我们需要全力以赴，才能抵达彼岸。但无论遇到何种情况，只要心怀信念，勇往直前，就一定能够驶向成功的彼岸。

◎ 千万记住，无关紧要的事情，宁可输，不要赢。

◎ 机会总是留给有准备的人。

◎ 要么你主宰工作，要么你被工作主宰。

◎ 最有效的方式是做你自己想做的事情。

◎ 决定我们成就的，不是我们的能力，而是我们的选择。

◎ 我没有特别的才能，我只是极度好奇。

◎ 把你的工作做得比别人要求的更好，未来会给你回报的。

◎ 成功的秘诀是开始之前的专注，全程的坚持，以及结束后的总结。

◎ 努力和上进，不是为了做给别人看，而是为了不辜负自己。

◎ 当你知道一件事情很难，但依然选择去做，你就已经在成长了。

◎ 成为你可能成为的最好版本，而不是第二好的别人版本。

◎ 努力的人会努力地工作，不努力的人会努力地找工作。

◎ 你若不想做，会找一个或无数个借口；你若想做，会想一个或无数个办法。

◎ 与其临渊羡鱼，不如退而结网。

◎ 不为失败找借口，要为成功找方法。

◎ 《西游记》告诉我们：要有一个淡定的领导，一个能打击敌人的副手，还必须有老实的员工和懒散的员工；更重要的是，不能没有对手。

◎ 要取得巨大成就，不仅要有行动，还要有梦想；不仅要有计划，还要有信念。

◎ 不要等待机会，而要创造机会。

◎ 每一次失败都是通往成功的又一次尝试。

◎ 心宽一寸，路宽一丈。

◎ 任何事情，总有答案。与其烦恼，不如顺其自然。

◎ 人生是一场修行，我们要心怀善良与感恩，在时间的夹缝里努力穿行。

◎ 水落现石头，日久见人心。

◎ 老马识路数，老人通世故。

◎ 认识到自己的无知就是最大的智慧。

◎ 人生中最艰难的是抉择，工作中最困难的是创新。

◎ 这个世界上，每天都充斥着利益的调整与分配。

职场态度

感悟

职场不仅是一个施展才华的舞台，更是一个磨砺心性的熔炉。我们要学会如何面对挑战、如何与人相处、如何不断提升自己，以更好地走上未来的职场生涯，不断前行。

◎ 人在职场就像荡秋千，起的时候，要有落的准备；落的时候，要有起的信心。

◎ 勇气不是没有恐惧，而是即使害怕也能前行。

◎ 新员工希望老员工“指点”，而不是“指指点点”。

◎ 在成长的路上，我们突破的不是现实，而是自己。

◎ 生活中，80% 的痛苦来自上班；但如果不上班，就会有 100% 的痛苦来自没钱。

◎ 老板对你讲的道理，永远是对他有利的。

◎ 本事不大，脾气就不要太大，否则你会很麻烦。能力不大，欲望就不要太大，否则你会很痛苦。

◎ 一次做好一件事很容易，难的是坚持去做好每一件事。一切成就的取得，都离不开持续的努力。所以，既要有做好一件事的决心，也要有不断努力的耐心。

◎ 真正的勇敢，不是只知道进，不知道退，而是在应进的时候，不退缩；该退的时候，不怕人嘲笑，敢于退让。

◎ “百围之木，始于勾萌；万里之途，起于跬步。”没有等出来的成功，只有干出来的精彩。

人际关系

感悟

职场中的人际关系非常重要。与同事沟通、协作，向领导汇报，都是职场中不可或缺的一部分，只有建立良好的人际关系，才能更好地发挥自己的潜力，实现个人价值。

◎ 职场上的人脉就像打地鼠游戏，你刚和一个打好关系，另一个又冒出头来。

◎ 很多人在职场上被插刀子之后，最该做的其实不是恨那个背叛你的人，小人是恨不完的，反而应该反省——自己怎么把同事当成了朋友？自己怎么把同事当成了朋友？

◎ 生意是生意，交情是交情。

◎ 上司夸你的次数越多，你拿到的好处就越少。

◎ 真的猛士，敢于直面惨淡的人生，敢于正视淋漓的鲜血。

◎ 只有在退潮的时候，你才知道谁在裸泳。

◎ 没什么值得畏惧，你唯一需要担心的是，你配不上自己的野心，也辜负了这些苦难。

◎ 可以对自己说声“我好累”，但永远不要在心里说“我不行”。

◎ 职场就像战场，不过我的武器只有咖啡和微笑。

◎ 职场就是一个大型舞台剧，有的人演主角，有的人演配角。

◎ 我每天都在努力攀爬，希望有一天能登上山顶，看看高处的风景。

◎ 领袖和跟风者的区别就在于创新。

◎ 职场上的“竞争”就像一场马拉松，虽然累，但每次跑完都觉得自己又变强了一点儿。

◎ 只要有人的地方就有恩怨，有恩怨就会有江湖，人就是江湖。

◎ 真诚加任何一张牌，都是王牌。

◎ 一辈子都跟别人攀比，是人生的悲剧。

◎ 往上爬的时候要对别人好一点，因为你走下坡路的时候会碰到他们。

◎ 不要因为生气而说刻薄的话，你的怒气会过去，但是你的刻薄话会伤人一生。

◎ 别人可以自嘲，但你千万不要跟着附和。自嘲是谦虚，但你只要一附和，味道就变了。

◎ 敌人变朋友，就比朋友可靠；但朋友变敌人，就比敌人更危险。

职场竞争

感悟

在职场中，挑战与机遇并存。审时度势，超越期望，方得未来之报。不为失败找借口，只为成功寻方法。目标专注，坚持不懈，反思总结，乃成功秘诀。

◎ 在职场，不是看你爬得有多高，而是看你跌到谷底后还能否再站起来，笑着继续前进。

◎ 职场就像打麻将，有时你得等上好几圈才能摸到好牌，所以关键是要会等，会看，会调整策略。

◎ 职场就像说相声，会自嘲，才能赢得别人的掌声。

◎ 别把自己当成万能的，有时候学会说“不”，也是一种智慧。

◎ 在职场，要像猫一样灵活，像狗一样忠诚，像猪一样乐观。

◎ 团结就是力量，联合就有优势。

◎ 职场就像登山，有时候你以为离山顶很近了，结果绕了个弯，发现还有更高的山峰等着你。

◎ 职场就像马拉松，不是看你一开始跑得有多快，而是看你能否坚持到最后。

◎ 职场就像打游戏，不断升级打怪，才能拿到更好的装备，迎接更大的挑战。

◎ 职场就像建房子，基础要打得牢，才能建得高，经得起风雨的考验。

◎ 所有逆袭，都是有备而来；所有光芒，需要经历时间才能被看到；所有幸运，都是努力埋下的伏笔。

◎ 在职场上，不要害怕犯错误，因为不犯错误的人，往往也没有尝试过新的东西。

◎ 职场就像种植，播下种子后，要耐心等待，精心呵护，才能收获满满的果实。

◎ 职场就像游泳，不跳进去，永远学不会；跳进去后，还要敢于面对风浪。

◎ 职场上没有永远的朋友，也没有永远的敌人。

◎ 在职场，不要害怕成为“小白”，因为每一个大师都是从“小白”开始的。

◎ 职场就像一片森林，有时候你会迷失方向，但只要你坚定信念，总会找到出路。

◎ 职场就像一场战斗，你需要有策略、有勇气，还要有一颗不屈不挠的心。

生存之道

感悟

职场如战场，乐观者见机会，悲观者见危机。在职场中，既要勇于挑战，也要善于适应，不断提升自我。记住，工作不仅是为了生计，更是实现梦想的舞台。让我们以饱满的热情和坚定的信念，迎接每一个挑战，创造属于自己的辉煌。

◎ 在职场，像狼一样团结，像羊一样温顺，才能立于不败之地。

◎ 工作不仅是为了赚钱，更是为了实现自己的价值和梦想。

◎ 昨晚多几分钟的准备，今天少几小时的麻烦。

◎ 你有多努力，就有多特殊。

◎ 乐观的人在每个危机里看到机会，悲观的人在每个机会里看见危机。

◎ 请别把还不属于我的头衔给我戴上，这会给我带来灾祸的。

生存之道

◎ 活着不能没有希望，生活的斗争不能没有智慧。

◎ 条理清晰是解决问题的关键。

◎ 当你拼命想完成一件事的时候，你就不再是别人的对手，或者说得更确切一些，别人就不再是你的对手了。不管是谁，只要下了这个决心，他就会立刻觉得增添了无穷的力量，而他的视野也随之开阔了。

◎ 方法得当，事半功倍；方法不当，事倍功半。

◎ 不说硬话，不做软事。态度该和气就和气，做事该硬气就硬气，纵然和善也无人敢欺。

◎ 能说服一个人的，从来不是道理，而是南墙；能点醒一个人的，从来不是说教，而是磨难。

◎ 在职场混得开的人，都是一半君子，一半小人。

◎ 让自己变得不可替代的方式有两种，一种是做别人做不到的事情，一种是把人人都能做的事情做到顶尖。

◎ 最快改变自己的方法，就是做害怕的事。

◎ 在职场中，不要害怕失败，因为每一次失败都是通往成功的必经之路。

◎ 工作不是生活的全部，但工作可以让生活更美好。

◎ 职场上没有绝对的公平，只有不断努力提升自己的实力，才能赢得更多的机会。

◎ 不要抱怨职场的不公，要学会适应并改变它。

成功之路

感悟

职场之路并非一帆风顺，有时，我们会遇到种种困难和挫折。成功并非一蹴而就，它需要我们有坚定的信念和持久的毅力，保持积极的心态和乐观的精神，不断学习和成长。只有不断努力，才能让自己在职场中脱颖而出。

◎ 在职场中，要学会与人为善，因为人脉是通往成功的关键之一。

◎ 行事不可任心，说话不可任口。

◎ 如果你的工作让你感到不开心，想想那些没有工作的人，他们连不开心的机会都没有。

◎ 想干总会有办法，不想干总会有理由；面对困难，智者想尽千方百计，愚者说尽千言万语。

◎ 职场如战场，要么出众，要么出局。

◎ 成功路上并不拥挤，因为坚持的人不多。只要风雨兼程，就没有到不了的远方。

◎ 世界上最可贵的两个词，一个叫认真，一个叫坚持。认真的人改变了自己，坚持的人改变了命运。有些事情，不是看到了希望才去坚持，而是坚持了才有希望。

◎ 每一个不满意的现在，都有一个不够努力的曾经。

◎ 复杂的事情简单做，你就是专家；简单的事情重复做，你就是行家；重复的事情用心做，你就是赢家。

◎ 努力工作的意义：不要当父母需要你时，除了泪水，一无所有；不要当孩子需要你时，除了惭愧，一无所有；不要当自己回首往事时，除了悔恨，一无所有。

◎ 好好想想该说什么，不该说什么。

◎ 成功是什么？就是走过了所有通向失败的路，只剩下一条路，那就是成功的路。

◎ 我之所以这么努力，是因为我想要的生活比你的贵。

◎ 不要在同事面前说别的同事，因为你们都是一根绳子上的蚂蚱。

◎ 想要走得更快，请独行；想要走得更远，请结伴！

◎ 失败者的三大问题是奴性、惰性和推卸责任。

◎ 观念决定思路，思路决定出路。复杂的事情要简单做。简单的事情要认真做。认真的事情要重复做。重复的事情要创造性地做。

◎ 当你把工作当成一种乐趣时，生活就是一种享受；当你只是把工作当成一种义务时，生活则是一种苦役。

言行智慧

感悟

在职场上，每一步都是一次自我探寻与磨砺。我们应该热爱我们所从事的工作，因为只有热爱，才能让我们在工作中找到乐趣和满足。此外，我们要珍惜自己的成长机会，努力在工作中实现自己的价值。

◎ 不要试图教猪唱歌。这不管用，还会惹恼猪。

◎ 我所遵循的箴言是：做最坏的打算，做最好的期待，然后面对现实。

◎ 工作撵跑三个魔鬼：无聊、堕落和贫穷。

◎ 如果你十分珍爱自己的羽毛，不使它受一点儿损伤，那么，你将失去两只翅膀，永远不能够再凌空飞翔。

◎ 慷慨地说些善意的话，尤其是对那些不在场的人。

◎ 懒惰是怯懦的儿子，而疏忽是懒惰的儿子。

◎ 如果你想走到高处，就要使用自己的两条腿！不要让别人把你抬到高处，不要坐在别人的背上和头上。

◎ 不能爱哪行才干哪行，要干哪行爱哪行。

◎ 忽略那些伴随成功随之而来的，对你的无用的批评。

◎ 你想说服更多人，影响更多人，断言是个好办法。

◎ 那些在任何事情上取得成功却不提运气的人是在自欺欺人。

◎ 职业道德向最低工资看齐，你怎么就怀揣上百万美元的梦想了？

◎ 职业和工作在使人得到幸福与满足方面所起的作用，比我们大多数人意识到的要大得多。

◎ 我不知道成功的秘诀是什么，但我知道失败的秘诀是取悦每一个人。

◎ 永远不要跟猪摔跤，因为你会把自己搞得脏兮兮，而猪却乐在其中。

细节永远胜过情话，陪伴胜过所有语言。

情感交织

感悟

两性关系不仅仅是情感的交流，更是彼此相互成长的过程。它基于相互的吸引、尊重和牺牲，能够激发人的潜能，提升人的自我，让生命更加丰富和充实。

◎ 耽误你的不是运气和时机，而是你数不清的犹豫。

◎ 但凡你狠心一点儿，那个偷偷流泪的人就不是你。

◎ 让你等太久的人，最后都不会选择你。

◎ 温柔的好天气总是和你一样，让人止不住心动。

◎ 人生苦短，要勇敢，就像登一座山，追一个梦，爱一个人。

◎ 我无意留你，只是想着门前的花快开了，你应该喜欢。

◎ 那些连再见都没有说就离开的人，大概以后再也不会相见，毕竟攒够了失望的人是不会回头的。

◎ 一扇敲不开的门，你一直敲，那就是你不礼貌了。

◎ 誓言这种东西无法衡量坚贞，也不能判断对错，它只能证明，在说出来的那一刻，彼此曾经真诚过。

◎ 是不是我笑得太过灿烂，让你忽略了我内心的悲伤？

◎ 如果你给我的，和你给别人的是一样的，那我就不要了，再爱也不要。

◎ 我对感情最大的误会，就是以为只要有付出就会有回报。

◎ 有的人把心都掏给了你，你还假装看不见，因为你不喜欢；有的人把你的心都掏走了，你还假装不疼，因为你爱。

◎ 很多人都想和你在一起，但没人和我一样，想永远和你在一起。

◎ 有人问我春天的来历，于是我想到第一次遇见你。

◎ 我不会挽留任何一个企图离开我的人，你是例外。

◎ 其实，许多事从一开始就已注定了结局，往后所有的折腾，都不过是为了拖延散场的时间。

相处之道

感悟

爱情里，等待是一种考验。让你等太久的人，可能并不是真心想要与你携手同行。珍惜那些愿意为你付出时间的人，同时也要学会珍惜对方给予的爱和关心。

◎ 我讨厌的是，你说你想我，但什么都不做。

◎ 我假装无所谓，却发现你是真的不在乎。

◎ 如果爱上了，就不要轻易放过机会。莽撞可能让你后悔一阵子，而胆怯可能让你后悔一辈子。

◎ 话不要憋着，别人没有读心术，你不说，就会错过许多东西。

◎ 真正的忘记，并非不再想起，而是偶尔想起，心中却不再有涟漪。

◎ 愿得一人心，白首不分离。

◎ 要结婚的就结婚去吧，要单身的就单身去吧，反正最后你们都会后悔的。

◎ 什么叫谈恋爱？半年以上才叫谈恋爱。一两天叫谢谢惠顾，一两个月叫合作愉快，和前任复合叫再来一次 。

◎ 爱情就像一场大雨，就算感冒了，还盼望回头再淋一次。

◎ 有人说爱情是糖，甜到忧伤；我说爱情是瓜子，嗑出满地悲伤。

◎ 恋爱就像打麻将，不认真没乐趣，太认真易伤心。

◎ 真正的爱情，需要等待。谁都可以说爱你，但不是人人都能等你。

◎ 爱情就像一场旅行，不在乎目的地，在乎的是沿途的风景以及看风景的心情。

情感智慧

感悟

人生苦短，我们应该不畏艰辛地追求自己的真爱。因为爱一个人，需要我们付出勇气和努力。真爱过的两个人，即使有一天的距离变远，也可以坦然地以过客之名，祝福彼此前程似锦。

◎ 恋爱就像一场游戏，有时你赢了，有时我赢了，最后我们都输了。

◎ 有人说恋爱要找自己喜欢的人，结婚要找喜欢自己的人。这都是片面的，恋人不喜欢自己有什么可恋的，老婆自己不喜欢怎么过一辈子？

◎ 爱情就像一盒巧克力，你永远不知道下一块会是什么味道。

◎ 爱情就像一场马拉松，不在乎起点，在乎的是能否坚持到最后。

◎ 两个人相处久了，难免会抱怨一句你变了，但也许我们并没有改变，我们只是越来越接近真实的样子。

◎ 有时候，爱情就像一场梦，醒来后才发现，原来自己一直在梦里。

◎ 婚姻是一座围城，城外的人想进去，城里的人想出来。

◎ 能够说出的委屈，便不算委屈；能够抢走的爱人，便不算爱人。

◎ 世界上最遥远的距离，不是生与死，而是我站在你面前，你却不知道我爱你。

◎ 没有人值得你流泪，值得让你这么做的人不会让你哭泣。

◎ 失去的东西，其实从来未曾真正地属于你，也不必惋惜。

◎ 失恋就像剪掉长发，一开始可能会心疼，但时间久了，你会发现，其实短发也挺好看的。

◎ 爱情就像两个拉皮筋的人，受伤的总是不愿放手的那一个。

◎ 谁说分手就不能做朋友？我们只不过是退回到了最初的位置，重新认识彼此而已。

◎ 爱情就像一本书，翻得太快会错过精彩，翻得太慢又会觉得无聊。

◎ 有时候，不是对方不在乎你，而是你把对方看得太重。

◎ 爱情就像一场雨，有时候你渴望它降临，有时候你又害怕它淋湿你的心。

◎ 两个人在一起久了，就像左手和右手，即使不再相爱也会选择相守，因为放弃这么多年的时光需要很大的勇气。

◎ 恋爱就像打喷嚏，总是不经意间打出来，刻意要打却总是打不出来。

为爱导航

感悟

我们常误以为爱情是无尽的甜蜜和默契，然而，真正的爱情却是在杂乱中寻找和谐，在争吵中学会包容。就像一对舞者，在彼此的步伐中找寻共同的节奏，虽然偶尔会跌倒，但那份重新站起的勇气才是爱情的真正魅力所在。

◎ 假如我们分手的话，绝不是出于我的意思，要知道，树是不愿离开花的，是花离开树。

◎ 爱不是我多有钱，有多么大的才智和成就，而是我把一切给你。关键时刻，替你遮风挡雨。

◎ 我与旧事归于尽，来年依旧桃花开！

◎ 这支玫瑰和其他千万支玫瑰本该是一样的，只不过是你在这支玫瑰上所花的时间让它变得与众不同。

◎ 不能自己获取幸福的人，就无法帮助别人实现幸福。

◎ 我们都像月亮一样，需要爱才能亮起来。可是靠别人亮起来的光迟早是要熄灭的，我们得学着，自己明亮起来。

◎ 真正的爱情不是一直不吵架，而是吵架了还能过一辈子。

◎ 爱情不是寻找共同点，而是学会尊重不同点。

◎ 在爱情的战场上，最可悲的不是失败，而是没有勇气去尝试。

◎ 爱情就像沙子，抓得越紧，流失得越快。但如果你轻轻捧起，它却能温暖你的手心。

◎ 即便是爱情长跑，也应该有个里程表。——没有人能跑完无限里程的爱情马拉松。

◎ 选择一个人一起生活，其实是选择跟一个缺点一起生活，如果你无法忍受这个缺点，那 TA 有再多优点也枉然。

◎ 爱情就像一部老电影，虽然情节已经熟透，但每次重播都能触动心弦。

◎ 在爱情里，我们都是演员，有时候演得太投入，却忘了自己是在演戏。

◎ 山是水的故事，云是风的故事，你是我的故事。

◎ 当陪你的人要下车时，即使不舍，也该心存感激，然后挥手告别。

◎ 不管我本人多么平庸，我总觉得对你的爱很美。

◎ 我行过许多地方的桥，看过许多次数的云，喝过许多种类的酒，却只爱过一个正当最好年龄的人。

◎ 初见是惊鸿一瞥，南柯一梦是你。等待是山重水复，怦然心动是你。相遇是柳暗花明，如梦初醒是你。重逢是始料未及，别来无恙是你。

◎ 落日一点如红豆，已把相思写满天。

情感解码

感悟

爱情如同老电影，虽然情节早已熟透，但每一次的重温都能让我们回味无穷。我们在爱情中扮演着各种角色，有时候是主角，有时候是配角，用心演绎着自己的故事。

◎ 爱情可以填满人生的遗憾；然而，制造更多遗憾的，却偏偏是爱情。

◎ 爱，就是没有理由的心疼和不设前提的宽容。

◎ 曾经深爱的人，后来不爱了，没关系，也许你们只是更懂对方了。

◎ 幸福就是一双鞋，合不合适只有自己一个人知道。

◎ 如果你突然遇到一个人，跟你完美适配，你一定要小心。

◎ 好不好是一回事，喜欢不喜欢是另一回事。

◎ 拼命对一个人好，生怕做错一点儿对方就不喜欢你，这不是爱，而是取悦。分手后觉得更爱对方，没他就活不下去，这不是爱，而是不甘心。

◎ 年轻时我没放弃，以为那只是一段感情，后来才明白，那其实是一生。有些人不经意间就忘了，有些人想方设法却始终忘不掉！

◎ 年轻的时候爱上什么都不为过，成熟的时候放弃什么都不是错。

◎ 你想一直被爱和被尊重，就要不断地成长和保持魅力。

◎ 心事这东西，你捂着嘴，它就会从你眼睛里跑出来。

◎ 无论怎么样，一个人借故堕落总是不值得原谅的，越是没有人爱，越要爱自己。

◎ 买了就不要再去比价，吃了就不要后悔，爱了就不要猜疑，散了也不要诋毁。所有的一切，都只不过是在为自己的选择买单。

◎ 我感到难过，不是因为你欺骗了我，而是因为我再也不能相信你了。

◎ 一个女人喜欢一个男人时，她希望听到谎言；一个女人厌恶一个男人时，她希望听到真理。

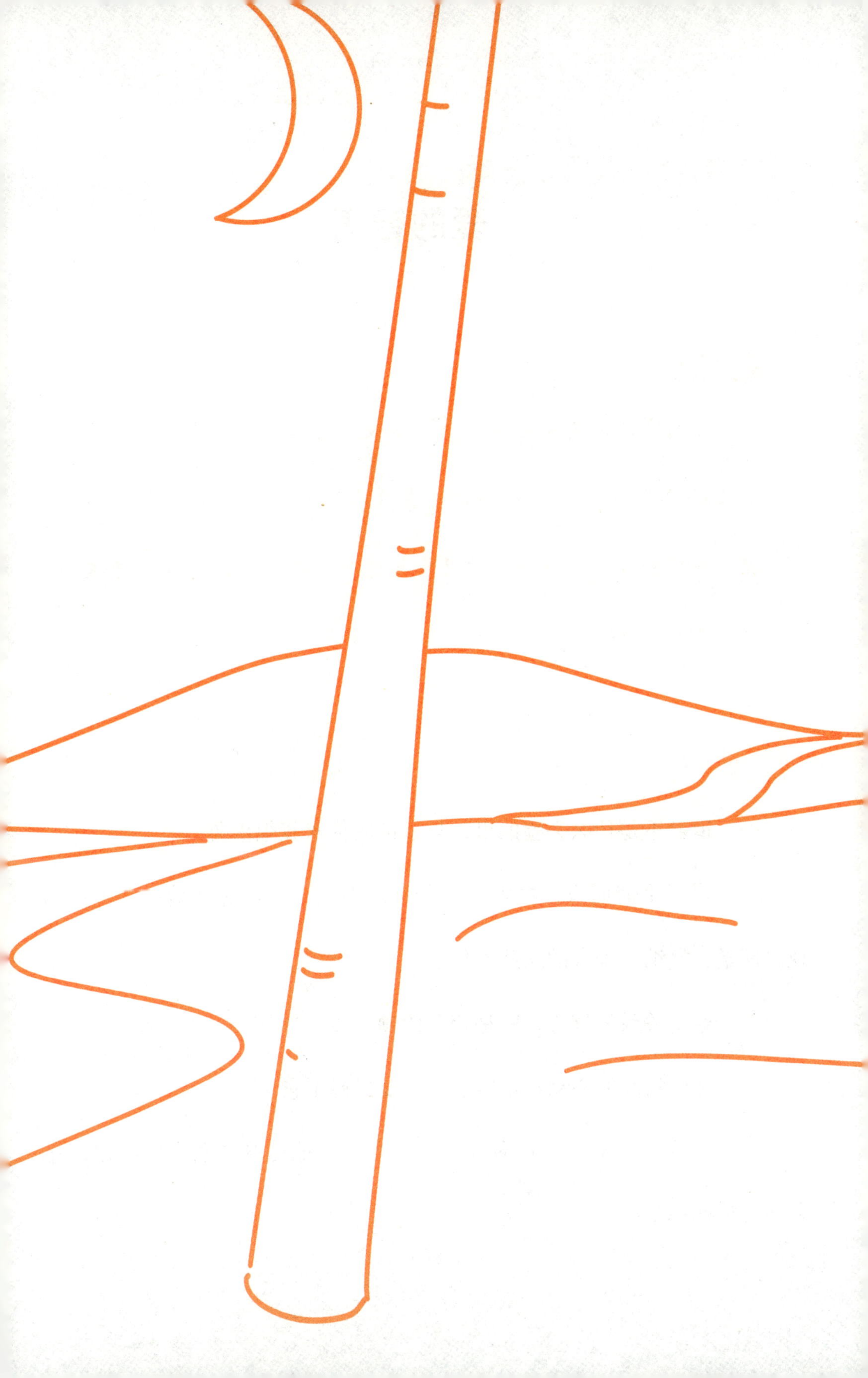

爱的智语

感悟

我们选择与某人共度一生，不仅是选择了他们的优点，更是选择了与他们的缺点共舞。在这个过程中，我们学会了理解、宽容和成长。每一次的磨合与适应，都让我们更加珍惜这份来之不易的感情。

◎ 道歉不是什么丢脸的事，只是证明你对我很重要。

◎ 对于生命而言，接纳才是最好的温柔，不论是接纳一个人的出现，还是，接纳一个人的从此不见。

◎ 亲密关系的核心，就是相互依赖。

◎ 任何瞬间的心动都不容易，不要怠慢了它。

◎ 分开后，不要一直活在这段关系里，把这段关系变成回忆，让它一直活在你心里。

◎ 生活不是爱情小说，分开了不代表篇章终结。

◎ 你应当知道，当你被爱的时候，那是一个自由的灵魂在向你低头。

◎ 男女交往中的分寸感，是由那个更不在乎这段关系的人决定的。

◎ 无论你有多好，总会有不珍惜你的人。幸好，到了最后，所有不珍惜的人，都会成为过去。

◎ 爱是一场博弈，必须永远保持与对方势均力敌，才能长久地相依相惜，因为过强的对手让人疲惫，太弱的对手令人厌倦。

◎ 当你不在乎，你就得到。当你变好，你才会遇到更好的。当你变强大，你才不害怕孤单。当你不害怕孤单，你才能够宁缺毋滥。

◎ 最好的婚姻状态，不是你负责养家，我负责貌美如花，而是我们势均力敌，你很好，我也不坏。

◎ 不知道爱不爱，那就是不爱；真爱上了，一往无前，视死如归。

◎ 爱情有时候不是比谁爱得更深，谁爱得更久，比的是谁爱得卑微。

◎ 男人总以为自己应该在两性关系中占据主动，实际上主动的永远是女人。

◎ 如果有来生，要做一棵树，站成永恒。没有悲欢的姿势，一半在尘土里安详，一半在风里飞扬；一半洒落荫凉，一半沐浴阳光。非常沉默、非常骄傲。从不依靠、从不寻找。

◎ 真正的考验是在痛苦和幸福上。当两个人通过了这两种人生的考验，在这过程中每人的优缺点都暴露无遗，也观察了彼此的性格时，他们就可以手携手一直走到坟墓了。

情的共鸣

感悟

在爱情的道路上，我们都是旅行者。有时候我们会迷失方向，但只要我们心中有爱，就能找到回家的路。让我们珍惜每一段感情，用心去感受爱情的美好与力量。因为在这个世界上，没有什么比爱情更加珍贵和值得我们去追寻的了。

◎ 爱情里要是掺杂了和它本身无关的算计，那就不是真的爱情。

◎ 爱就是成就一个人。

◎ 纵然伤心，也不要愁眉不展，因为你不知是谁会爱上你的笑容。

◎ 眼睛为她下着雨，心却为她打着伞，这就是爱情。

◎ 一个人心中没有爱情的时候可以满足于虚荣，但一旦有了爱情，虚荣就变得庸俗不堪了。

◎ 对于大多数人来说，他们认定自己有多幸福，就有多幸福。

◎ 如果你还在这个世界存在着，那么这个世界无论什么样，对我都是有意义的。但是如果你不在了，无论这个世界有多么好，它在我眼里也只是一片荒漠。而我就像是一个孤魂野鬼。

◎ 将感情埋藏得太深有时是件坏事。如果一个女人掩饰了对自己所爱的男子的感情，她也许就失去了得到他的机会。

◎ 男女之间虽然相爱，却时常想要单独静一下，而一分开，必然招来对方猜忌。

◎ 大凡男女之间的那点“意思”，常常是从“不好意思”开始，到“真没意思”结束。

◎ 情欲只求取乐，欢乐之后，欲念消退，所谓爱情也就完了。这是天然的界限，不能逾越，只有真正的爱情才无限无量。

◎ 爱情不仅不能买卖，而且金钱是必然会扼杀爱情的。

◎ 谁的爱情宫殿是用美德奠基，用财富筑墙，用美丽发光，用荣耀铺顶，谁就是最幸福的人。

◎ 婚姻的成功取决于两个人，而一个人就可以使它失败。

◎ 爱的表现是无保留地奉献，而其本质却是无偿地索取。

◎ 爱情是盲目的，恋人们看不到自己做的傻事。

◎ 爱情是生活中唯一美好的东西，却往往因为我们对它提出过分的要求而被破坏。

◎ 爱慕一个女子，通常爱她现在的样子；爱慕一个少年，通常着眼于他未来的样子。

◎ 如果爱一个人，那就爱整个的他，实事求是地照他本来的面目去爱他。

◎ 我不够富，不能像我希望的那样爱你；我也不够穷，不能像你希望的那样被你爱。让我们彼此忘却——你是忘却一个对你来说相当冷酷的姓名，我是忘却一种我供养不起的幸福。

第四章 谋生

资金靠流动，成功靠行动。

以勤为基

感悟

谋生之道，在于勤，勤劳铺就成功之路。莫让浮华迷眼，应持定力守心。每一步踏实前行，每一分辛勤耕耘，终将收获满园春色。记住，生活的意义在于不断追求，不断超越，以智慧和勇气书写属于自己的精彩人生。

◎ 想要获得成功的人生六个法则：勤奋、坚韧、自信、快乐、梦想、从容！

◎ 不要轻易把伤口揭开给别人看，因为别人看的是热闹，而痛的却是自己。

◎ 人生如同道路，捷径通常是最坏的路。

◎ 弱者选择复仇，强者选择原谅，智者选择忽略。

◎ 想左右天下的人，须先左右自己。

WORK

◎ 人要成功，需要贵人相助，高人点拨，亲人祝福，自身努力和小人监督。

◎ 世间的事，分两种，一种是做得说不得，一种是说得做不得。

◎ 考试不是人生必过的桥，却少了你蹚水过河的苦。

◎ 多花时间塑造自己，少花时间研究别人。

◎ 坚韧是成功的一大要素，只要在门上敲得够久、够响，终会把人唤醒的。

◎ 黑暗的夜才会看见最美的星光，人生亦是如此。

◎ 千万不要对任何事感到后悔，因为它们曾经就是你一度想要的。后悔没用，要么忘记，要么努力。

◎ 天下送客最好的手段，莫过于开口借钱。

◎ 当你觉得为时已晚的时候，恰恰是最早的时候。

不言放弃

感悟

人生之路多曲折，莫让恐惧遮双眼，失败百次不言弃，自信光芒照四方。机遇青睐有备者，梦想实现靠自强。静心笃行寻美好，逆旅行人自芬芳。低谷务实求生存，自强改变展新章。勇往直前无畏惧，克服困难铸辉煌。

◎ 就算失败了九十九次，也要再努力一次。

◎ 生活的道路一旦选定，就要勇敢地走到底，决不回头。

◎ 机会总是留给有准备的人。

◎ 最有效的方式是做你自己想做的事情。

◎ “明天再做”和“永远不做”是一样的。

◎ 改变自己会痛苦，不改变自己会吃苦。

◎ 生活就是这样，无论你是羚羊还是狮子，每当太阳升起，都必须毫不犹豫地向前奔跑。

◎ 生活中，任何人的节奏都是不一样的，有人三分钟泡面，有人三小时煲汤，你选择了你要的生活方式，就坚定地走下去，别胡思乱想。

◎ 无人问津也好，技不如人也罢，你都要试着安静下来，去做你该做的事，而不是让内心的烦躁焦虑，毁掉你本就不多的热情、定力。

◎ 真正厉害的人，是在避开车马喧嚣后，还可以在心中修篱种菊；是在面对不如意时，还可以戒掉抱怨，学会自愈。

◎ 如果整天不读书、不运动、不反省、不自律，无目标、无任何期望，生活是不会变好的。

◎ 人生如逆旅，你我皆行人。唯有不断阅己、越己、悦己，才能活出生命的意义，拥有想要的生活。

◎ 没有人扶的时候，自己要站稳；没有人帮的时候，自己要努力。

◎ 想要克服困难，就要一直做让自己感到困难的事，直到不再感觉困难为止。

生活智慧

感悟

谋生，不仅仅是为了生存而奔波劳碌，它更是一个成长与自我实现的过程。在谋生的道路上，我们时常会遇到困难和挑战，但正是这些经历塑造了我们的性格，让我们更加坚韧和成熟。

◎ 也许梦想不仅仅是为了拿来实现的，而是有一件事情，在远远的地方提醒我们，我们可以去努力，可以变成更好的人。

◎ 不是你的能力决定了你的命运，而是你的决定改变了你的命运。想，都是问题；做，才是答案。站着不动，永远是观众！

◎ 成功不是最终的，失败也不是致命的，决定你成功的是勇气。

◎ 当你的才华还撑不起你的野心的时候，你就应该静下心来学习；当你的能力还驾驭不了你的目标时，就应该沉下心来历练。

◎ 别在该努力的年纪选择安逸，别到家人需要你的时候一无所有。

◎ 走自己的道路，为了梦想去努力，即使有人亏待你，时间也不亏待你。

◎ 既要学会谋生，又要懂得生活。

◎ 每一个你讨厌的现在，都因有一个不够努力的曾经。

◎ 梦想还是要有的，说不定某天就实现了。

◎ 真正的闲暇并不是说什么也不做，而是能够自由地做自己感兴趣的事情。

◎ 人生没有如果，只有后果和结果。

◎ 如果你希望成功，当以恒心为良友，以经验为参谋，以留神为兄弟，以希望为哨兵。

◎ 人生何所求，致富和自由。

◎ 千万不要把金钱当作全部的生活。

◎ 努力奔跑，有一天才能有个漂亮的背影。

◎ 没有什么比时间更具有说服力了，因为时间无须通知我们就可以改变一切。

平衡生活

感悟

赚钱并不是生活的全部。虽然金钱给予我们物质上的满足，但真正的幸福却来自内心的富足和精神的成长。我们不应该为了金钱而牺牲自己的健康和快乐，更不应该将金钱作为衡量人生价值的唯一标准。生活不易，且行且珍惜。

◎ 生命里第一个爱恋的对象应该是自己，写诗给自己，与自己对话，在一个空间里安静下来，聆听自己的心跳与呼吸，我相信，这个生命走出去时不会慌张。

◎ 生活总是让我们遍体鳞伤，但到后来，那些受伤的地方一定会变成我们最强壮的地方。

◎ 理想是指路明灯。没有理想，就没有坚定的方向；没有方向，就没有生活。

◎ 未曾哭过长夜的人，不足以语人生。

◎ 当我活着，我要做生命的主宰，而不做它的奴隶。

◎ 只要朝着阳光，就不会看见阴影。

◎ 一个人只有在独处时才能成为自己。谁要是不爱独处，那他就不爱自由，因为一个人只有在独处时才是真正自由的。

◎ 世上只有一种英雄主义，就是在认清生活真相之后依然热爱生活。

◎ 假如生活欺骗了你，不要忧郁，也不要愤慨！不顺心时暂且克制自己，相信吧，快乐的日子就会到来。

◎ 生活不是我们活过的日子，而是我们记住的日子，我们为了讲述而在记忆中重现的日子。

◎ 我愿意深深地扎入生活，吮尽生活的骨髓，过得扎实、简单，把一切不属于生活的内容剔除得干净利落，把生活逼到绝处，用最基本的形式，简单，简单，再简单。

◎ 每个人都有他的隐藏的精华，和任何别人的精华不同，它使人具有自己的气味。

◎ 你的心灵常常是战场。在这个战场上，你的理性与判断和你的热情与嗜欲开战。

◎ 对人来说，最重要的东西就是尊严。

◎ 在命运的颠沛中，最可以看出人们的气节。

◎ 生活的苦难压不垮我。我心中的欢乐不是我自己的，我把欢乐注进音乐，为的是让全世界感到欢乐。

捕捉机遇

感悟

谋生不仅是为了生存，更是为了找到生命的价值和意义。谋生之道，在于不断学习、不断进步，让自己变得更加优秀，在于把握机遇、珍惜时光，让每一天都过得充实而有意义。

◎　成功的法则极为简单，但简单并不代表容易。

◎　当你感到悲哀痛苦时，最好是去学些什么东西。学习会使你永远立于不败之地。

◎　世上没有绝境，只有对处境绝望的人。

◎　挫折其实就是迈向成功所应缴的学费。

◎　环境不会改变，自己可以改变。

◎　人生重要的不是所站的位置，而是所朝的方向。

◎　创造机会的人是勇者，等待机会的人是愚者。

◎ 不要急着去享受那些你的能力还配不上的东西，更不要追逐与你的能力不匹配的生活。

◎ 别理会那些陈规俗套，它们只会使优柔寡断的人延迟创造他们的未来生活。

◎ 你学过的每样东西，都会在你一生中的某个时刻派上用场。

◎ 只要是一棵树，就有参天的可能，而杂草永远只能铺在地上。

◎ 检验一个人的标准，就是看他把时间放在了哪儿。别自欺欺人；当生命走到尽头，只有时间不会撒谎。

◎ 别怀疑努力的意义，努力永远都不会辜负你。

乐观面对

感悟

在谋生的道路上，时间是我们最好的见证者。它见证了我们的成长和变化，也见证了我们的努力和坚持。那些成长的磨砺、奋斗的汗水，都将化作我们的底气和格局，累积成我们向上攀爬的阶梯，支撑着我们看到更高处的风景。

◎ 长大了，就要学会心平气和地面对各种兵荒马乱，心狠手辣地解决各种刁难。光善良没有用，心软也没有用，哭更没有用，你要强大你自己。

◎ 真正的优秀不是别人逼出来的，而是自己和自己死磕。

◎ 少年应有鸿鹄志，当骑骏马踏平川。

◎ 普通人也可以变得落落大方，只要勤奋一些就行了。

◎ 希望你活得坦荡，也赤诚善良。夜色难免黑凉，前行必有曙光。

◎ 相信光，追逐光，成为光。

◎ 人之所以要努力，是为了尽可能地把命运操在自己手里，而不是被动地困在父辈的阶层里动弹不得。

◎ 厄运来的时候你没有躲，或者你没有躲过，所以好运来的时候你才会撞个满怀。

◎ 世界上有两条路，一条有形的横着供人前行、徘徊或倒退，一条无形的竖着供灵魂升入天堂或下地狱。只有在横着的路上踏遍荆棘而无悔，方可在竖着的路上与云霞为伍。

◎ 人生海海，敢死不叫勇气，活着才需要勇气。

◎ 生活的磨盘很重，你以为它是在将你碾碎，其实它是在教会你细腻，并为你呈上生活的细节，避免你太粗糙地度过这一生。

◎ 其实地上本没有路，走的人多了，也便成了路。

◎ 日子虽然普普通通，但我要生活在美之中。

◎ 如果这世界上真有奇迹，那只是努力的另一个名字。

◎ 运气不行，那就试试勇气。

◎ 勇敢追求梦想之时，请谨记：不是非得立刻到达目的地，过程本身就是最宝贵的财富。

◎ 每一种成功背后，都有一段默默扎根的时光；每一次成长背后，都有一段奋斗拼搏的日子。只要度过山重水复，岁月就会赠你柳暗花明。

◎ 任何一种成功都不是一蹴而就的，人生所有的“开挂”，都是厚积薄发。

◎ 身处逆境，别谈情怀，务实才是根本。身无铠甲，别显锋芒，藏拙才是智慧。心无理想，别谈理想，坚毅才是支点。

◎ 勇敢的人不是不落泪，而是含着泪水继续奔跑。有输得起的勇气，才会有赢得到的底气。

坚韧不拔

感悟

没有一种不通过蔑视、忍受和奋斗就可以征服的命运。谋生虽然是艰辛的，但生活不是等待风暴过去，而是学会在雨中跳舞。既然选择了远方，就只顾风雨兼程。

◎ 假如你避免不了，就得去忍受。不能忍受生命中注定要忍受的事情，就是软弱和愚蠢。

◎ 不要着急，最好的总会在最不经意的时候出现。

◎ 人，有了物质才能生存；人，有了理想才谈得上生活。

◎ 难道你的前途，你的幸福，就在于装出你没有的身份，花费你负担不起的本钱，浪费你宝贵的求学的光阴，去见识那个社会吗?

◎ 一个人只是呆呆地坐着，空想自己所得不到的东西是没有用的。

◎ 既然庸庸碌碌也难逃一死，何不奋起一搏？

◎ 现在不是去想缺少什么的时候，该想一想凭现有的东西你能做什么。

◎ 有时，我可能脆弱得一句话就泪流满面，有时，也发现自己咬着牙走了很长的路。

◎ 走你的路吧，摔倒了不要怨别人！

◎ 我们手里的金钱是保持自由的一种工具。

◎ 知足是天然的财富，奢侈是人为的贫穷。

◎ 活着不是目的，好好活着才是。

◎ 人生实如钟摆，在痛苦与倦怠之间摆动。

◎ 金钱好比粪肥，只有撒到大地才是有用之物。

◎ 我们的心是一座宝库，一下子倒空了，就会破产。一个人把情感统统拿了出来，就像把钱统统花光了一样得不到人家原谅。

◎ 生活不相信眼泪，即使你把眼泪流成珍珠，灰暗的生活也不会因此而放光。

◎ 孩子害怕黑暗，情有可原；成人害怕光明，才是人生真正的悲剧。

◎ 逆境是磨炼人的最高学府。

◎ 所有的悲伤，总会留下一丝欢乐的线索；所有的遗憾，都会留下一处完美的角落。

◎ 逆风更适合飞翔，不怕万人阻挡，只怕自己投降。

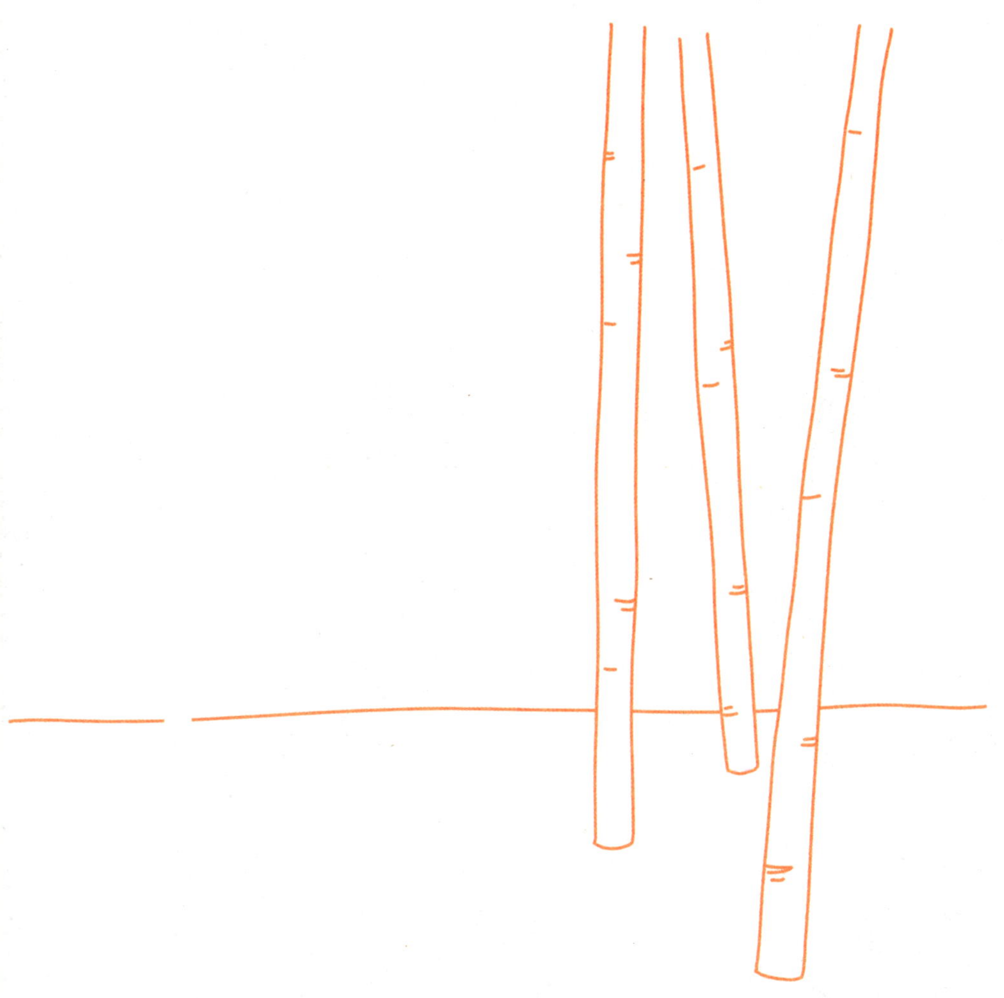

不相信任何人和相信任何人是同样错误的。

言行智慧

感悟

真正的社交并非盲目地迎合，而是选择性地交往。社交的本质是寻找与自己心灵相通的人，与那些能够激发我们内在动力的人为伍，与他们共同前行。

◎ 以淡字交友，以聋字止谤，以刻字责己。

◎ 遇烂人及时止损，遇烂事及时抽身。

◎ 我并不内向，也不是不合群，我只是不想搭理那些人罢了。

◎ 少一点干涉，多一点理解。于己，这是涵养；于人，这是慈悲。

◎ 人活着发自己的光就好，不要吹灭别人的灯。

◎ 头等人，有本事，没脾气；二等人，有本事，有脾气；末等人，没本事，大脾气。

◎ 路有千万条，适合你走的，只有那一条。

◎ 你和他人的关系，其实并不取决于你对别人有多好，而是取决于你的强弱。

◎ 一个人若是无所顾忌地展示自己的聪明和才智，无疑就是在拐弯抹角地指责别人的无能和愚蠢。

◎ 聪明人的特点有三：一是劝别人做的事自己去做；二是决不去做违背自然界的事；三是容忍周围人们的弱点。

◎ 你永远不要去跟别人讲另外一个人的不好，因为你不知道谁才是别人。

◎ 人一旦悟透了就会变得沉默，不是没有与人相处的能力，而是没有了逢场做戏的兴趣。

◎ 不尊重你的人，100% 都是瞧不起你的人。并不是他是个直性子，而是从心底不在乎你。

◎ 不管你多么善良，当你没有价值时，就算你温柔得像只猫，别人都嫌你掉毛。

◎ 人际交往的高段位技巧：热情、大方、一问三不知。

◎ 开始让人舒服的一定是言语，后来让人舒服的一定是人品。

◎ 财富不是永久的朋友，但朋友是永久的财富。

◎　假如你把秘密泄露给了风，就不应责怪风把秘密泄露给了森林。

◎　人有三个基本错误是不能犯的：一是德薄而位尊，二是智小而谋大，三是力小而任重。

相处之道

感悟

尊重是交往的基石。在人际交往中，我们要保持一颗平常心，亲疏随缘，既不刻意地讨好谁，也要懂得顾及他人的自尊，保全他们的面子。

◎ 你希望别人的自尊心对你做出让步，你就得先顾及对方的自尊心，保全他的面子，不让他为难。

◎ 听所有人的意见，保留自己的判断。

◎ 不要同一个傻瓜争辩，否则别人会搞不清究竟谁是傻瓜。

◎ 最好的礼貌是不要多管闲事。

◎ 任何关系都要循序渐进，不要一上来就交代得清清楚楚。

◎ 没有价值的交换，就很难成为真正的朋友。

◎ 情商就是让别人舒服，但一定是利己的。

◎ 千万要远离第一眼就看着不舒服的人，面由心生，磁场不合，不相为谋，你的感觉绝不是空穴来风。

◎ 别害怕得罪人，如果你的善良得不到尊重和理解，那就收起你的好，释放你的锋芒。

◎ 要善于结交那些快乐的，能够享受生命的，安贫乐道的朋友。

◎ 有些话会像一把刀将交谈拦腰切断。

◎ 一个人想平庸，阻拦者很少；一个人想出众，阻拦者很多。不少平庸者与周围人关系融洽，不少出众者与周围人关系紧张。

◎ 很多人不是性格孤僻，而是有原则、有选择地社交。

◎ 不好吃的东西就不吃，不舒服的关系就渐渐疏远，不要勉强自己。

◎ 成年人的交际礼仪里，没有爽快地答应就是拒绝。

◎ 这世界的一大不幸就是每个人都有自己的看法，而正是这种看法妨碍了我们去看清别人的看法。

◎ 和不知感恩的人保持距离，和得寸进尺的人断绝联系！

◎ 和为贵，独为败。

把握分寸

感悟

社交如同一张错综复杂的网，每个人都在其中扮演着不同的角色。独行固然快，但众行方能远，人与人之间的关系，需要用心经营。只有相互扶持，才能共同面对人生的风风雨雨。

◎ 人与人的关系，就像银行储蓄，你若用心经营，就是补充收入，你若冷漠忽视，就是增加开支。

◎ 不要总在旁人面前提你的朋友多厉害，别人的成就跟你没关系。

◎ 待人友善是修养，独来独往是性格。

◎ 要远离那些不出钱、不出力，而且建议还特别多的人。

◎ 不说自己的钱财，不说自己的目标，不说自己的家事，不说自己的错事。管好自己的嘴巴，守住这四个秘密，免灾祸、远是非。

◎ 遇到能力强的人，学他三分；遇到能力相当的人，让他三分；遇到不如你的人，帮他三分；遇到年长的人，敬他三分。

◎ 宁在人前全不会，莫在人前会不全。

◎ 顶级的自律是闭嘴。能管住嘴巴的人，都很厉害，不管是吃饭还是说话。

◎ 说话声音只要一低，你的声音就会有磁性；说话速度只要一慢，你就会有气质。

◎ 成年了，要学会控制自己的情绪，温柔说话。如果吼叫能解决问题，那么驴将统治世界。

◎ 不要因为一时投缘，就随意亮出底牌，交浅言深是人际交往的大忌。

◎ 无论是什么关系，若提供不了情绪价值，或给予不了经济支撑，或给不了正面陪伴，舍弃才是明智之举。

◎ 不要去追一匹马，你用追马的时间去种草，待到春暖花开的时候，就会有一群骏马任你挑选。

◎ 升米恩，斗米仇。在人际交往中，既要乐善好施，积累和维护人际关系，也要敢于对别人有所要求。

慎言慎行

感悟

社交并非一场关于人生的竞赛，我们无须用炫耀来彰显自己的价值。真正的智者，懂得适时收敛光芒，与人为善，用他人能理解的语言去交流。这是一种修养，更是一种智慧。

◎ 一个人没必要把自己懂的东西都展现出来。

◎ 炫耀自己，往往都是灾难的开始，应该像老子《道德经》所言“直而不肆，光而不耀”。

◎ 善于控制情绪去表达，不要带着情绪去表达。

◎ 形象，一定要走在能力前面；不然，你的能力很容易被低估。

◎ 能用汗水解决的问题，就别用泪水。

◎ 高估了情感，就会低估了人心。

◎ 生别人的气，就好像自己喝毒药，而去指望别人痛苦。

◎ 永远不要用离开去威胁任何人，因为你会发现，你真的没那么重要。

◎ 真正厉害的人，从来不说难听的话。

◎ 得饶人处且饶人，悬在别人头上的利剑，也许有一天会落到自己的头上。

◎ 如果想要改变他人行为，不妨将好名声赠予他，然后看看由此带来的改变。

◎ 收起多余的棱角，懂得以柔克刚，才能永远为自己赢得有利的局面。

◎ 鹤立鸡群，容易被鸡给毁灭了。

◎ 你要看见别人的好，这样自己才有可能成长进步。

人际平衡

感悟

在人际交往中，有时候我们会高估了情感的力量，而低估了人心的复杂。善良和真诚固然重要，但形象和能力同样不可忽视。优雅的形象和卓越的能力，往往会为我们赢得更多的尊重和机会。

◎ 利人者，人必从而利之。要维持长久的关系，往往是从利他开始的。

◎ 人生中的成功也好、失败也好，所有一切，归根结底，要看我们能不能把自己的“利他之心”发挥出来。

◎ 生命的意义，在于人与人的相互照亮。

◎ 强者之间往往互帮互助，相互搭桥，渡人渡己，彼此照亮；弱者之间则会互撕互踩，彼此为难，损人损己，寸步难行。

◎ 成年人最好的关系：相互滋养，彼此赋能，互为贵人。

◎ 真心换真心，换不来就死心。放弃放弃你的人，珍惜珍惜你的人。

◎ 在人际交往中，礼尚往来不仅是礼貌，更是一门艺术。多一分是人情世故，少一分可能埋下怨恨的种子。

◎ 真诚是一张强大的牌，但若无策略地单出，它便成了一张死牌。

◎ 看清很多人，却不能随意拆穿；讨厌很多人，却不能轻易翻脸。

◎ 在指出问题前，先给予赞美，这让人更容易接受批评。

◎ 三观不合很难做朋友，思想不在一个高度上，没必要互相说服。

◎ 任何时候，抱怨只是证明你的能力不够，并不代表困难和问题不存在。

◎ 人际关系的本质是价值和利益的交换，每个人都希望在人际交往中获得更多，而不是被单方面索取。

◎ 永远不要抱怨别人功利或现实，因为人性本就是功利和现实的，只不过那些高情商的人表现得不那么明显而已。

◎ 保持一种平和的态度，往往能够更有效地与人沟通，赢得他人的尊重和信任。

◎ 勿多言，多言多败；勿多事，多事多患。

◎ 社交之所以累，是因为人们总想拐弯抹角地炫耀自己，添油加醋地贬低别人。

◎ 如果你没有超强的社交能力，那么请具备过硬的才华；如果你没有一颗坚强的心，那么请学会忘记和知足。

与人为善

感悟

人的社会性决定了我们需要与人交往。社交会给我们带来机会，帮助我们成长与进步，成为更好的自己。在人际交往中，我们应学会尊重他人的选择和生活方式，不干涉，不妄加评判。

◎ 取笑会使一个人的心干枯，伤害所有的情感。

◎ 要想得到别人的友谊，自己就得先向别人表示友好。

◎ 做点儿好事，待人要仁慈、宽厚；总之，用你的谦逊来避免厄运吧。

◎ 一个人越聪明、越善良，他看到别人身上的美德越多；而人越愚蠢、越恶毒，他看到别人身上的缺点也越多。

◎ 你的高明之处不在于谈论你自己，而在于倾听别人谈论自己。

◎ 一个人如果遭到大家嫌弃，多半是自己不好。

◎ 快乐有人分担，也就分外快乐；一个人再怎么幸福，没有外人知道，心里也不满足。

◎ 祸从口出，我的嘴巴是我的敌人。

◎ 聪明的人，不该知道的绝不多问，不愿相信的一概不信。

◎ 大多数孔雀都不会在人前开屏。人们将其称为“孔雀的矜持”。孔雀那样的动物都懂得矜持，我们人类就更应当内敛、矜持了。

◎ 一个人倒霉至少有这么一点好处，可以认清谁是真正的朋友。

◎ 一定要恪守礼尚往来的交际规则，否则没人会愿意同你交往。

◎ 踏入社会的时候，不要什么话都跟别人讲，你说的是心里话，别人听的是笑话。

◎ 脆弱的人才四处去倾诉自己的不幸，坚强的人都会不动声色地成长。

◎ 世界上根本没有感同身受这回事，针刺不到你身上，你永远不知道有多痛。

◎ 父亲是财源，兄弟是安慰，而朋友既是财源，又是安慰。

◎ 凡事须多听但少言；倾听他人之意见，但保留自己之判断。

互助感恩

感悟

社交是一门艺术，需要我们用心去学习和领悟。在这个过程中，我们可能会遇到各种挑战和困难，但只要我们保持真诚、善良，懂得互助和感恩，就会不断成长和进步，也会收获更多的友谊。

◎ 真正的友谊是一种缓慢生长的植物，必须经历并顶得住逆境的冲击，才无愧友谊这个称号。

◎ 恋爱使人坚强，同时也使人软弱。友情只使人坚强。

◎ 我们不能期待别人随时体察我们的情绪，沉默换不来别人的帮助，如果我们需要帮助，就要用语言表达出来。

◎ 欺骗的友谊是痛苦的创伤，虚伪的同情是锐利的毒箭。

◎ 如果你要树敌人，就要胜过你的敌人；但如果你要得到朋友，那就让你的朋友胜过你。

◎ 只要自己做了对的事，感受到了“贡献感”，就不必期待他人的感谢与赞美。

◎ 对别人好不是一种责任，是一种享受，因为它能增进你的健康和快乐。

◎ 人与人之间的互相理解，除了努力沟通别无他法。而那些认为对方无法沟通的人，其实一开始就没有沟通的意愿。

◎ 聆听是一种能力，能养成善于倾听能力的人，似乎要比任何好性格的人都少见。

◎ 多用放大镜看别人的优点，多用显微镜看自己的缺点，行有不得，反求诸己。各美其美、美美与共。

◎ 人际交往如同走钢丝，保持平衡的关键在于真诚与谨慎的微妙结合。

◎ 人际关系中的信任如同易碎的玻璃，一旦破碎，再难修复。因此，珍惜并维护信任至关重要。

◎ 人际关系中最宝贵的，是那些能够在你最需要帮助时伸出援手的人，珍惜他们，感恩他们的存在。

第六章 博弈

三言两语就能击倒我，那这些年的路就白走了。

博弈艺术

感悟

博弈是一种智慧和策略，它涉及我们的决策、行动以及与他人的互动。人生其实就是一场和命运的博弈，在博弈中要保持清醒和警惕，避免被负面情绪所影响。

◎ 我们必须像一座山，既满生着芳草香花，又有极坚硬的石头。

◎ 在博弈中，智慧往往比力量更为重要，因为智慧可以让你在策略上胜过对手。

◎ 诚实的人可能会被人骗，但是最终会获得成功，因为他能赢得人们的信赖和爱戴。

◎ 有时候放弃也是一种策略，因为坚守会让你失去更多。

◎ 格局小的人喜欢诋毁和嫉妒，我不好，也不能让你好；格局大的人懂得，强者互帮，弱者互撕。

◎ 假如你事事和人攀比，就算你条件再高，也有比你更高的，你永远也无法到达追求的终点，而且长此以往，你很可能因不堪重负而倒下。

◎ 人生匆匆，自渡是一种能力，而渡人是一种格局。

◎ 勇气不是没有恐惧，而是即使害怕也能前行。

局势解析

感悟

狭路相逢勇者未必胜，给人留下活路的人才是智者。博弈其实是一种思考方式，它让我们明白，生活中的许多选择其实都关乎利益，要经过一番权衡。

◎ 如果你不了解，你就闭嘴，因为你永远不知道别人经历过什么。如果你了解，那你就更应该闭嘴。

◎ 就算有人把你捧上大，也不要膨胀；就算有人把你踩在脚下，也不要以为自己是烂泥！

◎ 在困难下徘徊，困难永远是绝壁，遇到绝壁努力越过，于是绝壁就变成了桥。

◎ 唯沉默是最高的轻蔑。

◎ 当我们凶狠地对待这个世界时，这个世界突然变得温文尔雅了。

◎ 所有纠结做选择的人，心里早就有了答案。

◎ 没有平视，就永无对等。

◎ 丢掉报复，用宽容给自己留后路。

◎ 若是你为人十分和气，就会轻易被愚弄。若是你太过尖锐，就有人讨厌你。你看，这就是人生，总有人不满意。

◎ 人最高级的炫耀，是你这一生拒绝过什么。你拒绝的东西里，藏着你不随波逐流的性格，和内心深处不为人知的骄傲。

◎ 解决棘手问题的最上乘方法是：静观其变，顺水推舟。

◎ 假话全不说，真话不全说。

◎ 我不知何为君子，但每件事肯吃亏的便是；我不知何为小人，但每件事好占便宜的便是。

◎ 生活和幸存就是一枚分币的两面，它们之间轻微的分界在于方向的不同。

◎ 人生在世，不如意十有八九。

棋逢对手

感悟

在人生的博弈场上，胜者非力大，而在智慧深；不在于争锋，而在于共赢。世事如棋，一着不慎，满盘皆输。故，应深思熟虑，审时度势，以智取胜。勿为眼前小利所诱，勿因一时之气而失大局。

◎ 他们说的话，我连标点符号都不信。

◎ 正人必先正己，正己才能正人。

◎ 不登高山，不知天之高也；不临深溪，不知地之厚也。

◎ 君子使物，不为物使。

◎ 你可以表达愤怒，但不能愤怒地表达。

◎ 没有收拾残局的能力，就不要放纵自己的情绪。

◎ 烂掉的水果会自己从树上掉下来。

◎ 对于利益相关的人，一定要展示你的实力和智力；对于利益不相关的人，展示你的礼貌就好。

◎ 先讲对方想听的，再讲对方听得进去的，再讲你该讲的，最后讲你想讲的。

◎ 看人之短，天下无一要交之人；看人之长，世间一切尽是吾师。

◎ 用体力赚钱，就老实点儿；用脑力赚钱，就机灵点儿；用钱赚钱，就狠一点儿；用资源赚钱，就圆滑点儿。

◎ 哪里有阴影，哪里就有光。

◎ 黑夜无论怎样悠长，白昼总会到来。

◎ 当真理还在穿鞋的时候，谎言就能走遍半个世界。

◎ 绝不要和愚蠢的人争论，他们会把你拖到他们那样的水平，然后回击你。

◎ 凡是你想不到，没有做的事情，你的敌人都会告诉你。

◎ 胜败是常态，迎接挑战才是常人所难。

◎ 对手是你前进路上的里程碑。

◎ 赢得比赛需要智慧和毅力。

◎ 一个聪明人所创造的机会比他所发现的机会更多。

权衡利弊

感悟

博弈之道，贵在持久，而非速战。心静如水，方能洞察秋毫，于无声处听惊雷，于平淡中见真章。如此，方能在人生的博弈中，步步为营，笑到最后。

◎ 生活就是一个宏伟的竞技场，大家尽可以在那里进行夺取胜利的较量，但必须老老实实地严格遵守比赛规则。

◎ 看透了自己，便无须小看别人。

◎ “危机”两个字，一个意味着危险，另一个意味着机会。

◎ 当你再也没有什么可以失去的时候，就是你开始得到的时候。

◎ 如果你借太多的钱给一个人，你会令此人变成坏人。

◎ 世界上没有真相，你信什么，什么就是真相。

◎ 欲成大树，莫与草争；将军有剑，不斩草蝇。

◎ 世界上 1% 的人是吃小亏而占大便宜，而 99% 的人是占小便宜而吃大亏。大多数成功人士都来自那 1%。

◎ 竞争，其实就是一种友谊，在对手的帮助下变得更聪明。害怕竞争的人已经输给了对手。

◎ 如果别人惹你一下，你马上扑上去，一口咬住，死死不放，这是什么？螃蟹！

◎ 很多人觉得他们在思考，而实际上他们只是在重新整理自己的偏见。

◎ 人这一辈子做过的最无用的事，就是频频回头。

布局谋算

感悟

人的一生，利益与情感交织，友情与利益相争，每一次选择都是命运的一次跳跃，每一种决策都铸就着未来的辉煌。唯有坚守原则，方能立于不败之地。在博弈中不断成长，于挑战中绽放光芒，这才是人生的真谛。

◎ 在你无话可说的时候就别说话，在你不知如何回答别人的话的时候就保持沉默，这是生活中一个很好的策略。

◎ 想要让一群人团结起来，需要的不是英明的领导，而是共同的敌人。

◎ 远离和敷衍小人，但不得得罪小人。

◎ 大多数人为了利益，可以对你点头哈腰，也可能背后给你一刀。

◎ 控制思维的办法就是改变视角。

◎　一件事情还没有开始谋划的时候，不要逢人就说，记住事以密成，语以泄败。

◎　理解自身的阴暗，是对付他人阴暗面最好的方法。

◎　对待生命你不妨大胆冒险一点儿，因为好歹你要失去它。

◎　别嫉妒成功，也别可怜失败，因为你不知道在灵魂的权衡中，什么算成功，什么算失败。

◎　人生的意义是经历、体验、试错，而这些都来自你的认知、勇气和执行力。

◎　不要对自己没出钱、没出力的事情发表任何意见。

◎　在不确定的情况下，要主动改变自己，保持确定性。

◎　切勿好为人师。

◎　好好地经营自己，就算跌入了谷底，也要有与人交换的筹码，这才是强者定律。

◎　所谓智慧，很大程度上就是，对某个事物的付出不要超出其真正价值。

◎　不努力就会被淘汰，不强大就会被伤害，人在低谷，别谈格局，生存才是王道。

胜负之道

感悟

在博弈中，我们不仅要学会如何赢，更要学会如何优雅地输。因为失败并不可怕，可怕的是失去再战的勇气。只有那些敢于面对挫折、勇于挑战自我的人，才能在人生的舞台上留下浓墨重彩的一笔。

◎ 其实我们都没错，只是因为我们所站的位置不同。

◎ 别人越是瞧不上你，你越是要努力；别人越是打击你，你越是要做出成绩来。像石灰一样，别人越泼冷水，你越是沸腾。

◎ 你把我踩入尘土，我仍然向上飞扬。

◎ 任何时候，都不要做那个掀桌子的人，江湖路远，总会相见。

◎ 对讨厌的人露出微笑，是我们必须学会的恶心。

◎ 认准一个目标，出手要狠，善后要稳。

◎ 做人就要像仙人掌，可以不扎人，但身上必须带刺。

◎ 情商高的人少敌人，智商高的人少朋友。

◎ 高手面前装傻，小丑面前装睡。

◎ 斤斤计较的人，只适合买菜，不适合干大事。

◎ 如果有人以你不喜欢的方式对待你，那一定是你允许的，否则他只能得逞一次。

◎ 大树底下无大草，能为你遮风挡雨，同样也能让你不见天日。

◎ 当众赞美你的人，不一定真的为你好；但是私下给你建议的人，往往最真诚。

◎ 费劲维持的关系，都是不正常的关系，真正对的人，相处起来很容易。

◎ 最有本事的人，不是拿到好牌的人，而是知道几时离开牌桌的人。

策略风云

感悟

人生中充满了各种博弈，所以人生也是一个不断学习和成长的过程。只有更好地理解博弈的本质和应对策略，才能在人生的道路上更加从容和自信地前行。

◎ 在遭遇误会和非议时，不急于辩解，用无言辩言。

◎ 知己知彼，百战不殆。

◎ 与恶龙缠斗过久，自身亦成为恶龙；凝视深渊过久，深渊将回以凝视。

◎ 入山不怕伤人虎，只怕人心两面刀。

◎ 刚强易折，做人还是要柔软一些。

◎ 力量不足的时候，学会忍让。

◎ 别低估恶意，别高估关系，在这个粗鄙的世界里保护好自己。

◎ 每个决策背后都隐藏着对利益的追逐，每一桩事件的演变都是人性的博弈。

◎ 有狗拦路的时候，最好给它让道，不要为了争路被它反咬一口；若是被咬了，即使杀了它，你的伤口也不会马上愈合。

◎ 人类所有的力量，只是耐心加上时间的混合。所谓强者是既有意志，又能等待时机。

◎ 表面是清晰明了的谎言，背后却是晦涩难懂的真相。

◎ 成功的骗子，不必再以说谎为生，因为被骗的人已经成为他的拥护者，我再说什么也是枉然。

◎ 盲目可以使你增加勇气，因为你看不到什么危险。

◎ 勇敢并不是一个人手中拿着枪，而是当你还未开始就已知道自己会输，可你依然要去做，而且无论如何都要把它坚持到底。

◎ 被真相伤害好过被谎言欺骗。

◎ 得到了再失去，总是比从来就没有得到更伤人。

◎ 你之所以相信一个人说的话，是因为他说了你想听的。

◎ 让朋友低估你的优点，让敌人高估你的缺点。

◎ 愿人遭祸者，祸必降其身。

◎ 假设你和人打扑克牌，几局打完后，你依然没有发现其中谁比较会玩，那么这只能说明你是那个最不会玩的。

◎ 善于倾听，对于理解对方的需求至关重要。

◎ 不要急于揭示自己的底牌。

◎ 善于运用沉默的力量。

◎ 耐心是解决复杂问题和达成协议的关键。

◎ 学会控制语气，使用肯定的措辞来传递信息。

◎ 用小的让步换取更大的回报。

第七章 圈子

你把时间花在哪里，你的人生就在哪里。

圈层智慧

感悟

圈子是一笔宝贵的人生财富。在不同的圈子中，我们可以结识到来自不同领域、具有不同背景的朋友，而他们的经验和智慧可以为我们提供重要的指引。通过与他们交流、互动，我们可以拨开迷雾，更快地找到自己的人生道路。

◎ 和勤奋的人在一起，你不会懒惰。和积极的人在一起，你不会消沉。与智者同行，你会不同凡响。与高人为伍，你能登上巅峰。

◎ 鸟随鸾凤飞腾远，人伴贤良品自高。

◎ 与凤凰同飞，必是俊鸟；与虎狼同行，必是猛兽。

◎ 蓬生麻中，不扶而直；白沙在涅，与之俱黑。

◎ 你是谁，只能决定你的起点。跟谁在一起，才决定了你的终点。

◎ 圈子，是一个人通往成功之门的门票。

◎ 选对了圈子，人生就是一条快速道。

◎ 一根稻草，跟白菜捆在一起，就值白菜的价格；跟大闸蟹绑在一起，就是大闸蟹的价格。

◎ 所有的止步不前，都是因为站错了地方；所有的青云直上，是因为跟着对的人。

◎ 蜘蛛能坐享其成，靠的就是那张关系网。

◎ 入芝兰之室，久而不闻其香。入鲍鱼之肆，久而不闻其臭。

◎ 与大雁齐飞，目之所及皆是广袤天空；与猪齐坐，目之所及皆是贪吃嗜睡。

◎ 我喜欢三种人，一种是比我优秀的人，另一种是使我优秀的人，还有一种就是愿意跟我一起优秀的人。

◎ 欣赏一个人，始于颜值，敬于才华，合于性格，久于善良，终于人品。

◎ 良好的教养在于隐藏对自己较佳的评价、对他人较差的评价。

◎ 一个人的性格决定他的际遇。如果你喜欢保持你的性格，那么，你就无权拒绝你的际遇。

交互共享

感悟

一个优质的圈子，能够为我们提供无限的机遇，让我们不断地成长和进步。然而，优质的圈子并不是靠简单的社交和应酬就能建立起来的，它需要我们用心去经营，用能力去维护，圈子优质了，才能够吸引那些真正有价值的人。

◎ 一生之成败，皆关乎朋友之贤否，不可不慎也。

◎ 取悦别人远不如修行自己，宁可高傲地孤独，也不违心地将就。

◎ 和傻瓜生活，整天吃吃喝喝；和智者一起，时时勤于思考。

◎ 思想不在一个高度，就没必要互相征服。

◎ 接近什么样的人，就有可能走什么样的路。

◎ 所谓的贵人，并不是直接给你带来利益的人，而是开拓你的眼界，给你正能量的人。

◎ 农家的孩子早识犁，兵家的孩子舞刀枪，秀才的孩子弄文墨。

◎ 积极的人像太阳，照到哪里哪里亮；消极的人像月亮，初一十五不一样。

◎ 近朱者赤，近墨者黑。

◎ 读好书，交高人，乃人生两大幸事。

◎ 好的圈子，不是人人都有钱，而是人人都上进。

◎ 成功来自 85% 的人脉关系，15% 的专业知识。

◎ 像爱自己那样爱别人，这就是确立人脉关系的要谛。

◎ 和谐的人际关系是一个人最大的资本。

◎ 成功靠人脉，人脉靠真诚。

◎ 没有任何一个有钱人，可伟大到不需要朋友。

◎ 如果你不够优秀，人脉是不值钱的，它不是追求来的，而是吸引来的。

◎ 朋友这种关系，最美在于锦上添花，热热闹闹庆喜事，花好月更圆。朋友之最可贵，贵在雪中送炭，不必对方开口，急急自动相助。朋友中之极品，便如好茶，淡而不涩，清香但不扑鼻，缓缓飘来，细水长流。

圈中之道

感悟

我们所处的环境、所接触的人，都在潜移默化地影响着我们的行为和思想。身处一个积极向上的圈子，我们会被其中的正能量所感染，激发我们的斗志和潜力。真正的成长，不在于我们认识了多少人，拥有了多少人脉，而在于我们如何与这些人相处，如何从中汲取养分。

◎ 让人见你自重，你就会被看重。

◎ 位置不同，少言为贵；认知不同，不争不辩；三观不合，浪费口舌。

◎ 于高山之巅，方见大河奔涌；于群峰之上，更觉长风浩荡。

◎ 不是所有的鱼都生活在同一片海里。

◎ 宁与君子争高下，不与小人论长短。

◎ 择友为人生第一要义。

◎ 物以类聚，人以群分。

◎ 这个世界既不是有钱人的世界，也不是有权人的世界，它是有心人的世界。

◎ 这个时代的最大好处是，你可以跟志趣相投的人聚集，远离三观迥异的人。

◎ 羽毛相同的鸟，自会聚在一起。

◎ 人生最大的财富便是人脉关系，因为它能为你开启所需能力的每一道门，让你不断地成长，不断地贡献社会。

◎ 世间最好的东西，莫过于有几个正直的朋友。

◎ 交易场上的朋友胜过柜子里的钱款。

◎ 三观不一致的人，很难做到相互认同；步调不一致的人，很难做到并肩同行。

◎ 好朋友不是通过努力争取来的，而是在各自的道路上奔跑时遇见的。

◎ 与智者为伍，突破平庸的圈子。

◎ 很多时候，比努力更能决定一个人的人生轨迹的，是他所在的圈子，是他认识和交往的人。

◎ 益者三友，损者三友。交一个胸怀大志的朋友，人生就像开了挂；交一个不思进取的朋友，幸福就会提前挂。

◎ 知识是突破圈子的钥匙。

◎ 与志同道合者结伴。

◎ 有勇气离开舒适区，才能迎接新的挑战。

圈子定律

感悟

在纷扰的世界中，我们都渴望找到一片属于自己的净土，那里没有纷争，只有心灵的安宁。然而，人生往往并非如此简单。我们不可避免地要与各种各样的人打交道，而这些人的存在，或多或少地影响着我们的生活。真正的智慧，在于学会在别人的世界里顺其自然，找到属于自己的位置。

◎ 选择你的圈子，选择你的未来。

◎ 你的圈子其实就是你的世界，代表了你的审美和生活层次。

◎ 你是与你最常在一起的五个人的平均值。

◎ 圈子决定眼界，眼界决定世界。

◎ 只有走进圈子内，才能了解到圈子的力量。

◎ 一个好的圈子，能带给你好的经历、好的人际关系和好的思想。

◎ 选择你的朋友，不受他们的角色和财富的吸引，而是看他们的品质。

◎ 不同的圈子，有不同的行为准则。要理解并遵守这些规则，才能在圈子里面活得更好。

◎ 圈子里的人际关系要讲究策略，但更要讲究真诚和信任。

◎ 找到那些与你有相同目标和利益的人，他们会成为你成功的伙伴。

◎ 创新来自不同思想的碰撞，而圈子则是这些思想碰撞的摇篮。

◎ 三人行，必有我师焉。

◎ 如果你有一个苹果，我有一个苹果，我们彼此交换的话，我们还是只有一个苹果。但当你有一个想法，我有一个想法，我们彼此交换的话，我们就都有两个想法了。

◎ 君子和而不同，小人同而不和。

◎ 一个健康的圈子应该允许并尊重不同的声音和观点，而不是盲目追求一致。

◎ 你的圈子决定了你对世界的看法，也决定了你的未来。

◎ 自己不强大，什么圈子都没有用，强大自己才是唯一的出路。

◎ 越过圈子的边界，才能发现创新的可能性。

◎ 不要被圈子定义，要用自己的行动定义圈子。

◎ 圈子的边界不是囚笼，而是展翅高飞的起点。

◎ 乐于尝试，不惧怕突破圈子的失败。

◎ 真实的自我是突破圈子的钥匙。

圈子本质

感悟

尽管圈子很重要，但是我们不必为了迎合他人而改变自己，也不必为了所谓的圈子而委屈自己。低质量的社交，只会让我们陷入无尽的烦恼和困扰。把圈子变小，并不意味着我们变得孤独，而是我们学会了在有限的资源中，找到最适合自己的生活方式。

◎ 自己不管用，换一百个圈子也没用。

◎ 引路靠贵人，走路靠自己，成长靠经历，渡人先渡己。

◎ 只有让自己变得更优秀，才会有同等能量的人拉你进他的圈层，所以提升自己才是根本。

◎ 低质量的社交不如高质量的独处。

◎ 多和有上进心的人接触，你都不好意思偷懒；多和有钱人接触，你会发现有钱人比你还拼。

◎ 和舒服的人在一起就是养生，和聪明的人在一起就是养脑，和有趣的人在一起就是养心，和三观不正的人在一起，就是慢性自杀。

◎ 圈子不要太大，容得下自己就好；朋友不要太多，自然随意就好。

◎ 只有站在适合自己的高度上，才能看懂属于自己的美景；只有和懂得的人在一起，才能让心灵绽放。

◎ 在自己的世界里独善其身，在别人的世界里顺其自然。

◎ 远离那些影响你情绪的人，因为他们除了给你添堵，什么都给不了。

◎ 把圈子变小，才能把语速放缓，把心放宽，把生活打理简单。

◎ 人生不在于把圈子画多大，而在于能否把圈子填满。

◎ 圈子决定眼界，层次决定格局。

◎ 好的圈子会滋养人，好的氛围会培养人。

互助共赢

感悟

我们身处的环境、圈子，往往决定了我们的眼界和格局。一个干净的圈子，能让我们远离负能量和不良影响。但同时，我们要成为真正强大的人，就要懂得把更多的精力放在自己身上，不断提高自己的内在修养和能力。

◎ 人这一生，其实限制你发展的，往往不是智商和学历，而是你所处的生活圈。

◎ 天越暖和，也就越觉得井口那片天空就是整个世界。

◎ 环境不变，圈子不变，一切都不会变！

◎ 一个人的财富状况，通常是他的社交圈的平均数。

◎ 你是谁不重要，你在哪个圈子、在哪个平台，与你并排的是谁，你身后站的是谁，前边领路的是谁，很重要。

◎ 高端的圈子相互扶持，抱团发展；低端的圈子鄙视嫉妒，彼此拆台。

◎ 圈子如镜，映照人生。

◎ 把圈子缩小，把自己变得优秀，现在想要的，以后都会有。

◎ 朋友三千，不如知己一人。圈子小点儿，未尝不好。

◎ 在你需要的时候，有人站出来，就足够了。

◎ 一个真正强大的人，不会把太多心思花在无用的事上。

◎ 没必要交许多朋友，因为不是所有人都会在你需要的时候站出来。

◎ 你是梧桐，凤凰才会来栖；你是大海，百川才来汇聚。

◎ 这个社会最残忍的现实就是，强者没有社交，弱者没有圈子。

◎ 真正的强者，不是没有社交能力，而是懂得把更多的精力放在自己身上。

◎ 聪明人与朋友同行，步调总是齐一的。

◎ 人们在一起可以做出单独一个人所不能做出的事业。

◎ 能用众力，则无敌于天下矣；能用众智，则无畏于圣人矣。

圈子进阶

感悟

当我们拥有了一定的人脉和资源后，我们就应该思考如何进一步扩大自己的圈子，提升自己的层次。然而，这并不是一件容易的事情。我们需要不断地学习和成长，不断地拓宽自己的视野和认知，才能够进入更高层次的圈子。

◎ 当你没有达到更高层次的时候，所有的人脉都是不值钱的。

◎ 所谓的关系，不过是一场精确的匹配游戏，最重要的是门当户对。

◎ 不要担心没有人脉，要担心自己没有成长。

◎ 没有实力的加持，那些偶然得来的人脉资源，不过是虚假的泡沫。

◎ 一个人一旦进入更高级的圈层，人生就会一直走上坡路。

◎ 社交关系本身就是量体裁衣，你有多大本事，能提供多少价值，就进多大的圈子。

◎ 圈子如网，只有把自己修炼强大了，这张网才能越织越大，越织越牢。

◎ 圈子就像天平，一端压的是自己的实力，另一端才是你可以撬动的资源。

◎ 一个人的级别、层次不够，即使混进了高端圈子，也得不到接纳。

◎ 宁愿付出天底下最大的代价，也要换取与人相处的本领。

◎ 人际关系淡薄，圈子发挥不了作用，就失了85%的人生胜算。

◎ 圈子不是固定的，我们需要随时切换连接枢纽，调整人脉关系。

◎ 人很难被教育，但容易被感染。

◎ 改变命运最快的方式，就是和优秀的人并肩同行。

◎ 一个人的财富基本盘，有两个组成部分：第一，你自己的本事；第二，你和其他人连接的本事。后者是前者的放大器。

◎ 低劣的圈子会让你贪图享乐，醉生梦死；高级的圈子会让你勤勉克制，步步高升。

◎ 朋友决定出路，圈子决定人生，和什么样的人同行，就会走什么样的路。

◎ 如果你想像雄鹰一样翱翔天空，那你就要和群鹰一起飞翔，而不要与雁为伍。

◎ 无论你的圈子有多大，真正影响你、驱动你、左右你的一般不会超过八九个人，甚至更少，通常情况只有三四个人。

第八章 内耗

放下焦虑，与自己和解吧。

放下内耗

感悟

生活不易，要学会在逆境中保持乐观和积极的心态，相信自己的能力。专注于自己的目标和节奏，不过多关注别人的眼光和评价，这样才能保持内心的平静。

◎ 消耗你的任何事，多看一眼，都是你的不对。

◎ 情绪是你的自留地，不是别人的跑马场。

◎ 不活在别人的眼光里，别把太多事当事，你会轻松很多。

◎ 保持自己的节奏，把时间和精力都留给自己。

◎ 非必要，不要费力证明自己，不要试图说服别人，精神上才能节能减排。

◎ 看见别人发光，就千万别觉得自己暗淡。

◎ 松弛感从来都不是摆烂，而是允许一切发生。

◎ 今天比昨天慈悲，今天比昨天智慧，今天比昨天快乐。这就是成功。

◎ 倘若一个人能够观察落叶、鲜花，从细微处欣赏一切，生活就不能把他怎么样。

◎ 我相信，一个在沧海中失掉了笑的人，绝不能做任何的事情；我也相信，一个曾经沧海又把笑找回来的人，却能胜任任何艰巨的任务。

◎ 昙花一现，却等待了整个白昼；蝉鸣一夏，却蛰伏了漫长的春秋。不要急于一时的成败，你只需要默默努力，积蓄实力，用心耕耘，静待花开。

◎ 不得不做的事，不如假装开开心心去做比较好。

情绪掌控

感悟

拒绝内耗，就是要学会宽容和接纳自己。不要苛求完美，重要的是珍惜当下。不要为过去的事情而痛苦，也不要为未来的事情而焦虑，更不要把时间浪费在无意义的事情上。

◎ 三样东西有助于缓解生命的辛劳：希望、睡眠和微笑。

◎ 今日的事情，尽心、尽意、尽力去做了，无论成绩如何，都应该高高兴兴地上床恬睡。

◎ 为什么不为你所能得到的而高兴呢？要我说，你还是及时行乐的好；不出一百年我们就全死了，到那时还有什么可以计较的呢？趁现在活着，我们应当痛快享受才是。

◎ 做自己的太阳，无须凭借谁的光。

◎ 车到山前必有路。

◎ 一切都会好起来的，即使不是在今天。

◎ 人活在世上，重要的是爱人的能力，而不是被爱。我们不懂得爱人，又如何被人所爱?

◎ 事情来了就立刻解决，解决不了就交给时间。

◎ 不要把有抱负的紧迫感，变成只争朝夕的慌乱感。

◎ 别摆出这副闷闷不乐的样子，开心都被吓跑了。

◎ 让别人快乐是慈悲，让自己快乐是智慧。

◎ 天空不总是晴朗，阳光不总是闪耀，所以偶尔情绪崩溃，也无伤大雅。

◎ 强大到谁都无法破坏内心的纯粹就是简单。

◎ 有风有雨是常态，风雨兼程是状态，风雨无阻是心态。

◎ 自由不是一种外在的状态，而是一种内在的能力，它使我们能够独立于他人的意志和欲望，自主地做出选择和行动。

积极心态

感悟

人生内耗多了，圆满就少了。世事难料，珍惜当下，不为外物所扰，不为他人所困，持心自在，方能行稳致远。不为未来忧虑，不为过往遗憾，活在当下，便是最好。

◎ 从某种程度上来说，人生不完美是常态，而圆满则是非常态，就如同“月圆为少月缺为多”一样。

◎ 我从不想未来，它来得太快。

◎ 不要为明天忧虑，因为明天自有明天的忧虑，一天的难处一天当就够了。

◎ 人生最大的苦恼，不在自己拥有的太少，而在自己奢望的太多。

◎ 如果你渴望得到某样东西，你得让它自由。如果它回到你身边，它就是属于你的；如果它不会回来，你就从未拥有过它。

◎ 人生不过如此，且行且珍惜。自己永远是自己的主角，不要总在别人的戏剧里充当着配角。

◎ 这个世界上无所谓幸福，也无所谓不幸，有的只是一种境况和另一种境况的比较，如此而已。

◎ 人只要活得高兴，穷也不怕。

◎ 人生会难一阵子，人生不会难一辈子。

◎ 我相信自己，生来如同璀璨的夏日之花，不凋不败，妖冶如火，承受心跳的负荷和呼吸的累赘，乐此不疲。

◎ 最重要的是，持续的情绪稳定，良性的财务状况，可控的生活节奏，理性的生活观念，而不是某个人爱不爱你。

◎ 如果你孤独一生，你可能会成为神明。但是人间烟火气太吸引我了，我是个俗人，我不要孤独。

◎ 世界上最宽阔的是海洋，比海洋更宽阔的是天空，比天空更宽阔的是人的心灵。

◎ 优于别人，并不高贵，真正的高贵应该是优于过去的自己。

◎ 看清楚这个世界，并不能让这个世界变得更好，但可以让你在看清这是个怎样的世界后，把自己变得更好。

◎ 逢人不说人间事，便是人间无事人。

◎ 见得繁花不惊，修得心淡如水。

◎ 我会假装无所谓，直到真的无所谓。

◎ 你的“摆烂”和努力都不够纯粹，所以痛苦。

自我成长

感悟

人生的内耗，往往源于过度的思考与担忧。它如同无形的枷锁，束缚着我们的心灵，让我们在无尽的纠结与痛苦中徘徊。生命短暂而宝贵，我们应该珍惜每一刻，活在当下。不要让过去的阴影笼罩未来，也不要让未来的担忧影响现在。只有当我们真正放下内心的包袱，才能轻装上阵，迎接人生的挑战。

◎ 一个人思虑太多，就会失却做人的乐趣。

◎ 所有幸福的家庭都是相似的，而不幸的家庭则各有各的不幸。

◎ 当你为错过太阳而哭泣的时候，你也要再错过群星了。

◎ 你千万别糊涂，死人都还想活过来，你一个大活人可不能去死。

◎ 不要虚掷你的黄金时代，不要去倾听枯燥乏味的东西，不要设法挽救无望的失败，不要把你的生命献给无知、平庸和低俗。

◎ 有皱纹的地方，只表示微笑曾在那儿待过。

◎ 大部分人在二三十岁上就死去了，因为过了这个年龄，他们只是自己的影子，此后的余生则是在模仿自己中度过，日复一日，更机械，更装腔作势地重复他们在有生之年的所作所为，所思所想，所爱所恨。

◎ 人生是这样易于变幻，当快乐来到我们面前的时候，我们总应该及时抓住它。

◎ 那些想改变命运的人，肯定不会把时间浪费在伤心、难过、痛苦上，他们会立即奋起反抗。

◎ 人是为活着本身而活着的，而不是为了活着之外的任何事物所活着。

不被定义

感悟

人生路上多坎坷，坚韧之心胜万难。莫因小事伤和气，大度宽容心自安。愿余生，你我都能不为他人所左右，不被过往所牵绊，过往云烟随风散，今朝笑对阳光暖。

◎ 你永远无法满足所有人，不必为了取悦这个世界而扭曲自己。

◎ 我们曾如此渴望命运的波澜，到最后才发现：人生最曼妙的风景，竟是内心的淡定与从容。

◎ 不要为打翻的牛奶哭泣，因为那已经无济于事了。

◎ 让人不开心的，往往是鸡毛蒜皮的小事。

◎ 能够伤害你的永远不是别人的无情，而是你自己。

◎ 不要提前焦虑，也不要预知烦恼，生活就是见招拆招，日落归山海，山海藏深意。

◎ 生活的累，一半源于生存，一半来自攀比。

◎ 最了不起的提醒者，并不是外在的任何人，而是你自己内在的声音。

◎ 你是你自己的裁决者。你过去和现在做得有多好，由你自己说了算。别人永远不能审判你，就算是神。

◎ 焦虑的人都有一个共同特征，那就是没有尊重世界客观规律。

◎ 心若被困，天下处处是牢笼。

◎ 我生命中最大的突破之一，就是我不再为别人对我的看法而担忧。此后，我真的能自由地去做我认为对自己最好的事。只有我们不再需要外来的赞美时，我们才会变得自由。

◎ 我越是孤独，越是没有朋友，越是没有支持，我就得越尊重我自己。

精神寄托

感悟

幸福不是等待未来，而是享受现在。让我们用一颗平静而坚定的心，去拥抱和感受生活中的每一个美好瞬间。只有学习放下，接纳自己，拒绝内耗，心灵才能得到解脱。

◎ 试着掌控你的情绪，做心情的主人。因为这个世界，只有糟糕的心情，没有糟糕的事情。

◎ 好的心情来自积极的心态，这种心态会让你充满力量，去获得财富、成功、幸福和健康。

◎ 你改变不了环境，但可以改变自己；你改变不了事实，但可以改变态度；你改变不了过去，但可以改变现在。你不能预知明天，但可以把握今天！

◎ 不被定义的人生，谁都可以是黑马。

◎ 对于曾经伤害过我们的，给我们带来痛苦的人和事，我们不需要大度、不需要原谅，但我们可以放过自己，接受已经发生过的一切，都是生命给予我们的成长。

◎ 你并非人民币，不可能人人都喜欢。

◎ 后来才明白，精神寄托可以是音乐、可以是书籍、可以是工作、可以是山川湖海，却唯独不是人。

◎ 人之所以会心累，就是常常徘徊在坚持和放弃之间。

心境阳光

感悟

在人生的旅途中，我们时常因纠结于过去的错误、担忧未来的不确定，或是过分在意他人的眼光和评判，从而陷入自我内耗的旋涡，其实，只要我们始终保持内心的平静、乐观和坚定，不被外界的纷扰打乱生活的节奏，就一定能够创造出属于自己的精彩人生。

◎ 千万不要忘记：我们飞翔得越高，我们在那些不能飞翔的人眼中的形象越是渺小。

◎ 我们可以自己选择自己的情绪，快乐或者不快乐。

◎ 每个人都会有缺陷，就像被上帝咬过的苹果，有的人缺陷比较大，正是因为上帝特别喜欢他的芬芳。

◎ 从现在起，我开始谨慎地选择我的生活，我不再轻易让自己迷

失在各种诱惑里。我心中已经听到来自远方的呼唤，再不需要回过头去关心身后的种种是非与议论。我已无暇顾及过去，我要向前走。

◎ 快乐要有悲伤作陪，雨过应该就有天晴。如果雨后还是雨，如果忧伤之后还是忧伤，请让我们从容面对这离别之后的离别，微笑地去寻找一个不可能出现的你。

◎ 你是不是因为太懦弱了，才这样以炫耀自己的痛苦来作为自己的骄傲?

◎ 浮名浮利，一切虚空！我们这些人里面谁是真正快活的？谁是称心如意的？就算当时遂了心愿，过后还不是照样不满意?

◎ 我在每一天里重新诞生，每天都是我新生命的开始。

◎ 谁都可能出个错儿，你在一件事上琢磨得越多就越容易出错。

◎ 人活着的第一要务就是要使自己幸福。

◎ 不幸福，不快乐，那就放手吧。舍不得，放不下，那就痛苦吧。

◎ 如果你怀疑自己，那么你的立足点确实不稳固了。